MANUALE BASICO SUI MATERIALI COMPOSITI

di Emiliano Benvenuti

Per principianti e autocostruttori

Prima Edizione

Guida pratica e vademecum alle conoscenze di base sul mondo dei materiali compositi ed alla realizzazione di manufatti in fibra di vetro, carbonio e aramidica

Copyright

Titolo del libro: MANUALE BASICO SUI MATERIALI
COMPOSITI
Autore: Emiliano Benvenuti
© 08/07/17, Emiliano Benvenuti
Prima Edizione
Revisione 1.1.0
info@skyscooter.it
http://www.skyscooter.it/manuale-compositi

PREFAZIONE

Ho deciso di scrivere questo manuale con lo scopo di permettere a tutte le persone che non hanno particolari conoscenze tecniche e pratiche, di apprendere ed eventualmente mettere in pratica, le nozioni di base sulle lavorazioni dei materiali compositi, sviluppando così la capacità di realizzare manufatti in composito. Tale manuale, può anche svolgere il ruolo di testo ABC del settore.

Il manuale non si offre come prodotto da utilizzare per la progettazione e calcolo avanzato dei compositi, ma si rivolge invece a tutti gli appassionati di tecnica, in particolare agli auto-costruttori di velivoli ultraleggeri, aeromodellisti, modellisti, al settore nautico e artistico, a chi realizza particolari per la propria auto, moto, agli studenti delle scuole superiori ed a tutti gli "smanettoni" che amano auto-costruire manufatti sfruttando questa formidabile tecnologia. Adatto quindi a tutti gli appassionati di tecnologia ed amanti del fai da te.

Tutte le informazioni che troverete non sono state scritte da un professionista del settore, bensì da un autodidatta, che riporta la propria esperienza pratica e teorica cumulata in vari decenni di passione per questa tecnologia.

Lo scopo del manuale, è anche di colmare il gap presente in questo settore,sia a livello di letteratura tecnica, che pratica. Infatti troverete in commercio innumerevoli manuali in lingua inglese, la maggior parte statunitensi, ma ben poco in letteratura italiana.

Lo stile con cui è stato redatto risulta piuttosto semplice e non troppo ingegneristico, infatti spesso per definire dei concetti sono citati esempi pratici della vita comune, il tutto è corredato da semplici disegni, illustrazioni e tabelle.

La maggior parte delle illustrazioni sono state realizzate personalmente, sia con il computer, che a mano libera.

Il presente manuale è stato redatto nativamente in formato elettronico, per consentirne la lettura con un PC e con la maggior parte di lettori ebook, tablets, smartphones.

Di seguito, quando si parla di materiali compositi, ci riferiremo a matrici con rinforzo in fibra di vetro, carbonio e aramidico, tralasciando le altre tipologie esistenti.

I primi capitoli hanno una funzione introduttiva, con le nozioni più elementari, quelli centrali sono più tecnici, trattano quindi i materiali ed i processi previsti, quelli finali riguardano le realizzazioni pratiche. Per molti quest'ultimi risulteranno la parte più interessante del manuale.

Infine, troverete un glossario tecnico italiano/inglese, che tratta la terminologia del settore ed un appendice con varie informazioni e tabelle, di carattere generale.

Chi decide di scrivere un manuale tecnico o un libro di qualsiasi genere, si ispira sempre ad un personaggio e lo utilizza come riferimento e mentore. Nel mio caso considero come tale Burt Rutan, un grande ingegnere aeronautico e scienziato, ma prima di tutto un visionario e appassionato di macchine volanti.

I suoi concetti e metodi relativi ai materiali compositi sono stati sviluppati a metà degli anni Settanta ed ancora oggi sono in gran parte utilizzati ed emulati da tante persone e aziende del settore.

Buona lettura a tutti e Buone laminazioni !

Emiliano Benvenuti

"Il marmo è come l'uomo, prima di intraprendere qualcosa, devi conoscerlo bene e sapere tutto ciò che ha dentro. Così, se in te ci sono delle bolle d'aria, io stò sciupando il mio tempo.(Cit.)"

Michelangelo
Buonarroti

DICHIARAZIONE DI NON ASSUNZIONE DI RESPONSABILITA'

Le informazioni presenti nel manuale sono costituite da elaborazioni autonome dell'autore, riferimenti e contributi forniti da terze parti. Le sopracitate informazioni possono contenere imprecisioni tecniche e/o errori e tutto quanto appare nel manuale viene fornito senza garanzie di alcun tipo, implicite o esplicite.

L'Autore del manuale non presta alcuna garanzia sull'accuratezza del contenuto dello stesso. Non si assume alcuna responsabilità diretta ed indiretta per eventuali danni provocati dall'uso delle informazioni fornite.

L'Autore non può, in nessun caso, essere ritenuto responsabile per i danni o le perdite di qualsiasi natura che l'Utente assuma di aver subito per l'uso delle informazioni contenute in questo manuale.

Ogni abuso verrà perseguito civilmente e penalmente nelle sedi giudiziarie competenti.

Pagina Lasciata Intenzionalmente Vuota

AUTORE

 *Emiliano Benvenuti, classe 1974:*
Nella vita quotidiana mi occupo da sempre di tecnologia, infatti lavoro nel campo della progettazione elettronica industriale da vari anni e per vari settori di applicazione.
La mia professione prevede oltre alla progettazione e lo sviluppo di apparecchiature elettroniche, di realizzare anche guide e manuali utente dedicati.

Sono grande appassionato del settore aeronautico, pilota ed auto-costruttore di velivoli ultraleggeri e di tutto il mondo dell'alta tecnologia, in precedenza ho praticato anche aeromodellismo.

Proprio l'esperienza e il progetto di auto-costruzione di un velivolo ultraleggero, mi ha permesso di cumulare un importante bagaglio di esperienza del settore dei compositi.

Lo studio e la realizzazione di parti per il progetto sopracitato mi ha spinto verso la stesura di questo manuale.

Fin da piccolo mi è sempre piaciuto inventare e creare cose utilizzando fantasia.

Nel tempo libero mi piace mantenermi in forma fisica, viaggiare, conoscere il mondo e leggere libri.

Adoro il mare e tutte le sue sfumature.

Pagina Lasciata Intenzionalmente Vuota

SOMMARIO

INTRODUZIONE

L'impiego dei materiali compositi nel settore industriale e non, oramai ha assunto un'importanza rilevante.

In alcuni settori, come vedremo in seguito, ha sostituito quasi totalmente i materiali metallici, plastici e lignei.

L'utilizzo di tali materiali necessita diverse valutazioni tecniche ed economiche, infatti a differenza dei metalli o altri materiali tradizionali, richiedono l'utilizzo di processi e metodologie, che anche se applicati su scala industriale e produttiva, risultano avere tempi e costi di realizzazione importanti.

A livello di auto-costruzione, attualmente esiste la possibilità di acquistare materiali e attrezzature, a costi accessibili a tutti, tale opzione era pressochè inesistente fino a 10-20 anni fa.

Esistono numerosi negozi specializzati sul web e non, consentendo a tutti di acquistare, anche in piccole quantità, i materiali necessari per le proprie realizzazioni.

Inoltre la nascita di negozi di bricolage di dimensioni importanti, presenti nei centri commerciali più blasonati, consente di reperire attrezzature, utensili e materiali di base, facilmente ed a basso costo. Anche questa opzione non era disponibile fino ad alcuni anni fa.

Spesso in questo settore si utilizza il termine laminazione, laminato etc, con il termine laminazione si intende il processo di realizzazione del manufatto in materiale composito in modo generico.

Mentre quando si parla in generale di laminato in composito, ci si riferisce a un manufatto in composito.

Un altra caratteristica importate che va definita quando si trattano i materiali compositi è il concetto di anisotropia(opposto di isotropia). Ovvero la proprietà per la quale un determinato materiale ha caratteristiche che dipendono dalla direzione lungo la quale vengono considerate. Come esempio, il legno è un materiale anisotropo in quanto le sue caratteristiche meccaniche e variazioni dimensionali variano a seconda della direzione in cui lo si considera, quindi rispetto a come sono allineate le fibre lignee.

Il concetto opposto è l'isotropia, ovvero la proprietà dei corpi di avere le stesse caratteristiche fisiche in tutte le direzioni. Come esempio di materiali con struttura pressoché isotropa, possiamo considerare in generale i metalli.

Tutti i manufatti in materiale composito vanno considerati anisotropi, come vedremo in seguito tale proprietà sarà caratterizzata da come verranno orientate le fibre del tessuto di rinforzo.

LE NOZIONI DI BASE

La storia narra che i primi popoli ad applicare il concetto di materiale composito furono gli antichi Egizi, realizzando dei mattoni mescolando paglia e argilla ed impiegandoli nelle loro costruzioni. Crearono così, un manufatto più resistente meccanicamente del mattone semplice in pura argilla e sabbia, inoltre garantiva una maggior resistenza alle intemperie e durata nel tempo.

Di seguito tratteremo solo i materiali compositi a matrice, con rinforzo in fibra di vetro, carbonio e aramidico, tralasceremo quindi le altre tipologie.

Cosa si intende per materiale composito?

Sono così definiti, i materiali ottenuti mediante la stretta coesione di almeno due componenti, le cui caratteristiche fisiche e chimiche, sono tali da renderli diversi e reciprocamente insolubili e quindi separati tra loro.

Tali materiali vengono chiamati, uno fibra o tessuto di rinforzo, l'altro matrice.

L'unione di due o più costituenti di questo tipo, deve necessariamente dare luogo ad un materiale solido continuo, che sia in grado di trasmettere e ridistribuire gli sforzi interni dovuti alle sollecitazioni esterne sui suoi componenti.

Esso inoltre deve essere in grado di resistere anche a carichi termici se sottoposto a differenze di temperatura, ed a quelli elettrici, quando sottoposto a campi elettrici.

Anche le leghe metalliche tradizionali rispondono a tali requisiti, ma non vanno considerati come appartenenti alla famiglia dei compositi. Infatti gli elementi costituenti quest'ultimi sono distinguibili solo su scala atomica cristallina, ovvero per dimensioni paragonabili alle frazioni di micron.

Mentre nei compositi i costituenti sono distinguibili con scale dell'ordine dei decimi o centesimi di millimetro.

La matrice caratterizza il tipo di composito, il quale può essere plastico, metallico, o ceramico.

Le fibre di rinforzo possono invece essere di tipo plastico, metallico, vetroso e ceramico. Tali fibre possono essere suddivise i varie tipologie: continue, discontinue, con orientamento casuale o con una direzione predominante.

Tutti noi conosciamo il legno, esso è considerato come il materiale composito naturale per eccellenza e risulta costituito principalmente da cellulosa e lignina. Ecco quindi il primo esempio di materiale composito.

Il legno naturale viene impiegato in innumerevoli applicazioni ed utilizzato anche per creare a sua volta, altri materiali compositi, come ad esempio il compensato,i laminati truciolari e tanti altri.

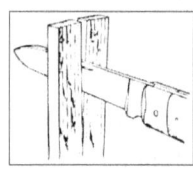 La maggior parte di noi è già a conoscenza del fatto che il legno, ha delle caratteristiche meccaniche che dipendono da come viene applicato il carico rispetto all'orientamento delle sue fibre, in generale il legno naturale ha una fibra con orientamento unidirezionale, caratteristiche che tratteremo successivamente.

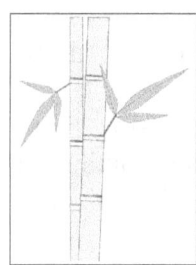 Un esempio classico di legno molto robusto è il bambù, Infatti è di gran lunga più resistente di qualsiasi essenza vegetale e più leggero del cemento armato e dell'acciaio.

Perché e dove si utilizzano

Sicuramente il settore aeronautico e quello aerospaziale, sono da considerarsi come i settori di riferimento, ed all'avanguardia per quanto riguarda l'impiego dei materiali compositi.

Come è facile intuire, la leggerezza dei compositi e la possibilità di realizzare forme aerodinamiche complesse ha consentito di realizzare, e sostituire particolari metallici strutturali e non, sia su velivoli ad ala fissa che ad ala rotante.

Consentendo così un risparmio di peso e dimensioni, non ottenibili con altre tecnologie esistenti.

In generale vengono utilizzati quando è richiesto il contenimento delle masse di una struttura o di più particolari, pur mantenendo un elevata integrità strutturale, nonché la possibilità di realizzare particolari molto integrati e di dimensioni ridotte.

Queste sono i principali vantaggi dei materiali compositi:

- Leggerezza, Resistenza, Rigidezza
- Comportamento a Fatica
- Resistenza alla Corrosione
- Resistenza all'Usura
- Attrattivi(dal punto di vista estetico)

Ovviamente, non tutte queste caratteristiche potranno essere ottenute allo stesso tempo e quasi mai ciò e richiesto. Infatti, in fase di progettazione, verrà analizzato e trovato il giusto compromesso, al fine di sfruttare al meglio tali proprietà per l'applicazione richiesta.

Chassis Alfa Romeo 4C(Foto fonte Google)

Come già preannunciato questi requisiti e compromessi si traducono in un costo di realizzazione più elevato, se paragonato ad altri metodi costruttivi più tradizionali.

Di seguito vedremo un elenco riassuntivo dei settori principali che fanno impiego di materiali compositi.

Settore aeronautico e aerospaziale

Trovano largo impiego nel settore aeronautico, sia su particolari strutturali, che non, in velivoli ad ala fissa ed ad ala rotante.

Infatti vengono realizzate in materiale composito fusoliere, strutture alari, appendici aerodinamiche, serbatoi, pannellature interne ed esterne, eliche, pale rotore e tanti altri particolari.

Per le parti strutturali si fa largo utilizzo di tessuti in fibra di carbonio, le eccellenti caratteristiche meccaniche, unite ad un ottima leggerezza, ne fanno il il materiale principe per questo settore.

Il rovescio della medaglia è l'elevato costo del materiale e del processo produttivo necessario per mantenere degli elevati standard qualitativi richiesti.

Dal punto di vista dell'innovazione il settore aerospaziale è forse più importante di quello aeronautico. Anche qui l'esigenza del contenimento delle masse è molto sentito.

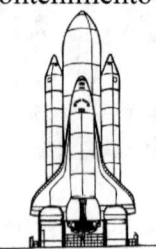

Sono utilizzati nella realizzazione dei lanciatori spaziali e nei satelliti.

Trovano largo impiego sia la fibra di carbonio che quella di vetro.

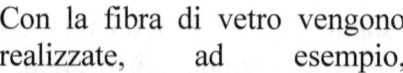

Con la fibra di vetro vengono realizzate, ad esempio, pannellature di isolamento termico, antenne paraboliche. Mentre con il carbonio si realizzano buona parte dei componenti strutturali.

Tuttavia ad ora non esistono materiali con caratteristiche migliori per tali applicazioni.

Competizioni Motoristiche

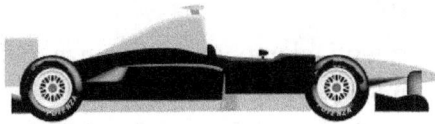

Le autovetture di Formula Uno hanno un telaio monoscocca realizzato totalmente in materiale composito.

Anche le appendici aerodinamiche, i braccetti delle sospensioni, i cerchioni delle ruote, i dischi dell'impianto frenante nonché il volante computerizzato, sono realizzati in materiale composito.

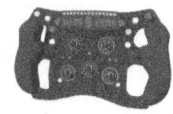

Anche in questo caso, come nel settore aeronautico, dove il costo non è il parametro più rilevante, la fibra di carbonio la fa da padrone.

Spesso la trama di carbonio viene lasciata a vista, infatti è considerata in generale, molto bella esteticamente.

Anche nelle moto da competizione, in diversi casi, si realizza il telaio in materiale composito, anche in questo caso in fibra di carbonio.

La carenatura e anche altre parti quali i terminali di scarico sono sempre in composito.

Autovetture di alto livello(Top Car)

 Tutti quanti siamo a conoscenza del fatto che, autovetture classificate come top-car o dream-car, spesso sono costruite in materiale composito.

La maggior parte di esse, risulta di fabbricazione italiana e tedesca, fanno largo utilizzo di tecnologie sviluppate nel settore Formula Uno, valgono quindi gli stessi concetti espressi di sopra.

Anche in questo caso la fibra di carbonio prevale su gli altri tipi.

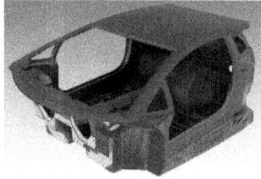

Settore Nautico

 Il settore nautico è quello dove probabilmente i materiali compositi vengono impiegati in maggior quantità a livello produttivo, si utilizza principalmente la fibra ed il tessuto di vetro, garantendo così dei costi produttivi contenuti. In questo caso il requisito leggerezza è meno sentito rispetto ad altre applicazioni citate in precedenza.

Molti processi produttivi, che vedremo in seguito, sono stati sviluppati proprio in questo settore e specificamente per la realizzazione degli scafi di piccole e medie imbarcazioni.

Altri particolari importanti in composito del settore sono, gli alberi delle barche a vela(mast), i migliori sono realizzati quasi totalmente in fibra di carbonio.

Settore Elettronico

I dispositivi elettronici fanno parte della nostra vita quotidiana(smartphones, personal computer, tablet, TV, etc).
Generalmente, in ogni dispositivo è presente una o più schede elettroniche, realizzate con un circuito stampato sul quale sono montati e saldati i vari componenti elettronici.
Proprio il circuito stampato(PCB), è il tipico esempio di laminato in materiale composito. Infatti, se si escludono i vecchi circuiti stampati e quelli di apparecchiature a bassissimo costo, la maggior parte sono realizzati in vetronite, costituita fondamentalmente da tessuto in fibra di vetro e resina epossidica, rivestito esternamente da sottili pellicola in rame e nel caso di circuiti stampati multistrato, anche da strati interni in rame.

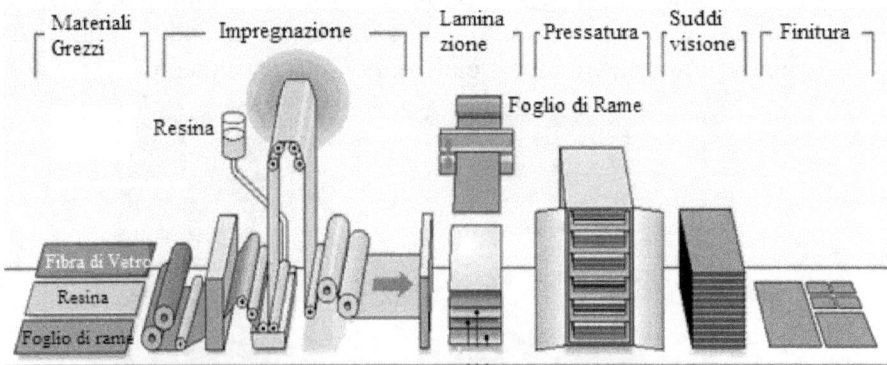

Processo Fabbricazione Laminato Circuiti Stampati

Il rame verrà poi foto-inciso per realizzare le piste, ovvero i collegamenti elettrici dei componenti. Successivamente verrà anche forato a seconda del tipo e delle necessità di prodotto.

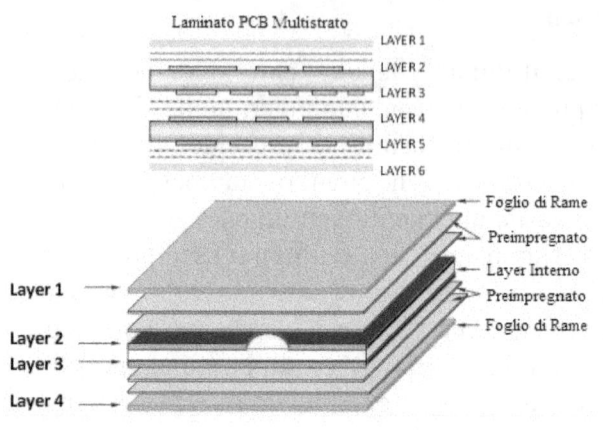

Il laminato standard in questo settore è quello denominato FR-4 ed ha spessore di circa 1.6mm.

Il tipo di tessuto in fibra di vetro utilizzato in questo processo viene chiamato E-Glass, ed è uno dei più reperibili ed economici sul mercato, in quanto prodotto su larga scala.

Attualmente la maggior parte dei PCBs è fabbricata rispettando normative le quali prevedono che in caso di incendio, il laminato ed i relativi trattamenti superficiali siano auto-estinguenti.

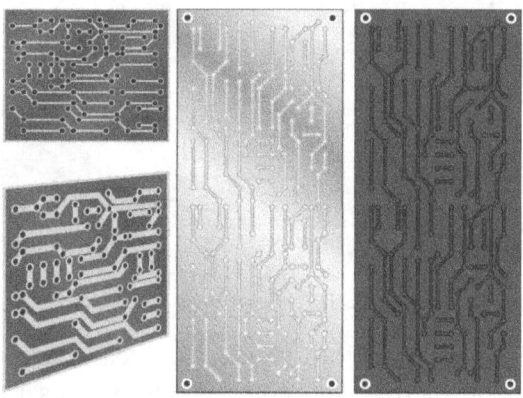

Caschi protettivi(moto,auto, aereo)

 Questo importante dispositivo di sicurezza viene sempre più spesso realizzato in materiale composito. In particolare la calotta protettiva. Risultando così più leggero e strutturalmente solido di un casco realizzato con polimeri termoplastici.

Nei prodotti per moto a costo contenuto, viene utilizzata la fibra di vetro, salendo di prezzo si trovano prodotti in fibra di carbonio e aramidica. Quest'ultima anche se tra le più costose da lavorare, risulta più leggera e con la migliore resistenza agli urti.

 I caschi di volo per aerei ed elicotteri e gli elmetti militari, sono realizzati con struttura ibrida carbonio-aramidica.

Giubbotti antiproiettile

Uno degli impieghi più importanti delle fibre aramidiche, è la fabbricazione dei giubbotti antiproiettile. Infatti l'elevata resistenza agli urti di tale fibra, viene utilizzata per assorbire, tramite deformazione plastica, l'energia cinetica dei proiettili.

Tale fibra è poco efficace contro corpi perforanti quali i coltelli o colpi di proiettili perforanti. Per ovviare a ciò, a tali fibre sono aggiunti dei pannelli metallici durante il processo di fabbricazione.

In questa applicazione non abbiamo a che fare con un materiale composito, bensì con tessuti "secchi" di fibra aramidica senza matrice in resina, quindi tali prodotti sono stati citati perchè sono piuttosto noti e importanti per la collettività.

Generatori eolici

In questa applicazione l'utilizzo dei materiali compositi riguarda fondamentalmente la fabbricazione delle pale dell'aerogeneratore.

Le importanti dimensioni di tali componenti ed i carichi meccanici a cui sono sottoposti, richiedono standard qualitativi di realizzazione molto elevati.

I materiali compositi oltre a rispettare tali requisiti, consentono anche di mantenere il requisito di leggerezza, aumentando così l'efficienza totale dei sistemi.

La fabbricazione è piuttosto complessa e involve la maggior parte delle tecniche e materiali compositi attualmente disponibili.

Attrezzature per Attività Sportive e Ricreative

Biciclette

Questo settore ha avuto un notevole sviluppo, la maggior parte delle biciclette da competizione, è realizzata in fibra di carbonio. In commercio si trovano, sempre più prodotti commerciali, realizzati sempre in fibra di carbonio, a prezzi accessibili.

L'Italia vanta un eccellenza tecnologica in tale settore.

In un mezzo a trazione umana, in particolare se dedicato alle competizioni agonistiche, il requisito di leggerezza è fondamentale. Quindi la fibra di carbonio ha trovato largo impiego in questo campo.

La struttura del telaio, che era realizzata in precedenza in metallo o ancor prima in legno, viene realizzata con tubi e parti in carbonio, laminate e incollate fra loro, al fine di ottenere il telaio completo. Vi sono anche i telai monoscocca che vengono realizzati in un pezzo unico.

Ogni produttore ha sviluppato i propri metodi di progettazione e realizzazione. Nella maggior parte dei casi si tratta comunque di prodotti realizzati in gran parte manualmente da personale altamente specializzato.

Mazze da Golf

Rappresentano attualmente una delle maggiori applicazioni, in particolare per le fibre di carbonio.

Una minor massa, unita ad una maggiore rigidezza della mazza, permettono al produttore di queste attrezzature, di concentrare il peso nella testa, migliorando la velocità e la distanza di tiro.

La maggior parte delle mazze da golf è realizzata stratificando e avvolgendo prepreg in fibra di carbonio, fino ad ottenere le forme finali desiderate.

Aeromodelli ed Elicotteri Radiocomandati

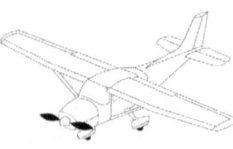

Come spesso succede questo settore è molto sensibile alla sperimentazione e all'impiego di nuove tecnologie. Non fa eccezione per l'utilizzo dei materiali compositi, infatti vengono utilizzati nei modi più svariati e possibili.

Anche qui, la leggerezza e la possibilità di realizzare forme aerodinamiche complesse, ha consentito lo sviluppo tecnologico in questa applicazione.

Infatti le fusoliere, le semi-ali, le eliche, le pale rotore degli elicotteri e tanti altri particolari, vengono realizzati in fibra di vetro,carbonio e aramidica.

Quasi sempre come matrice di resina viene utilizzato il tipo epossidico.

Nei negozi di modellismo, spesso potrete trovare in vendita i materiali compositi di base.

Canne da pesca

Sono prodotti piuttosto noti, che hanno costi molto variabili, dipende soprattutto dal materiale in cui sono state realizzati.

Sono sostanzialmente delle strutture tubolari in composito a sezione circolare. Senza entrare troppo nei dettagli esistono due grandi suddivisioni di questi prodotti:

Canne in fibra di carbonio: Sono molto leggere e precise, ma anche molto costose. Risultano meno resistenti all'usura, ma più leggere, rispetto a quelle in fibra di vetro.

Il carbonio essendo un discreto conduttore elettrico può risultare pericoloso in caso di fenomeni temporaleschi.

Canne in fibra di vetro: Sono più affidabili nel tempo e resistenti all'usura, meno precise e costose e maggiormente diffuse di quelle in carbonio.

Tavole da surf

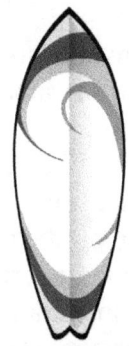

Questo settore è stato uno dei primi ad utilizzare i materiali compositi, infatti fin dagli anni 70' le tavole vengono prodotte in composito.

Essenzialmente sono costituite da un anima strutturale in polistirene, PVC espanso o schiuma poliuretanica, sagomata e lavorata manualmente o con macchine a controllo numerico.

Tale anima, detta "pane", viene poi rivestita generalmente in tessuto di fibra di vetro, su entrambe le facce, rinforzata con aggiunta di strati di Kevlar® e carbonio nei punti critici.

Si ottiene così un manufatto leggero, resistente, idrodinamico ed impermeabile all'acqua.

Verranno aggiunti poi accessori e particolari decorativi.

La tavola da surf è un tipico esempio di struttura a sandwich in composito, tratteremo l'argomento successivamente.

Canoe e Kayak

Nell'antichità le canoe venivano costruite con legname proveniente da alberi di cedro, betulla e resina di pino.

Erano piuttosto veloci, ma fragili e pesanti.

Attualmente, per costruire le canoe vengono usati diversi tipi di materiali, come alluminio, plastica.

I materiali compositi rappresentano la miglior soluzione alternativa allo sviluppo del settore, in particolare fibra di carbonio e aramidica. Con i compositi, si ottengono prodotti più resistenti, leggeri, affidabili rispetto al passato, non ultimo è possibile creare forme molto complesse e quindi superfici ottimizzate per tali applicazioni.

L'Italia vanta una eccellenza tecnologica nella progettazione e realizzazione di canoe realizzate in materiale composito per il canottaggio olimpionico.

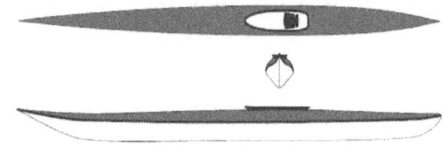

Sci e Tavole da SnowBoard

Nella fabbricazione degli sci, i materiali compositi hanno sostituito in larga parte ciò che prima veniva realizzato totalmente in legno fino a circa gli anni Sessanta. Questo ha consentito di migliorare di gran lunga le prestazioni di tale attrezzatura, ottimizzandone le caratteristiche di rigidezza torsionale, leggerezza, resistenza meccanica e impermeabilità alle intemperie.

La struttura tipo di uno sci di elevata qualità è del tipo a sandwich. Dove l'anima è sempre in legno, generalmente frassino, le cui facce superiori e inferiori sono rivestite da più strati di una struttura ibrida in fibra di vetro, carbonio, aramidica, basalto e boro. Seguite da strati esterni di alluminio, a sua volta rivestito esternamente da una matrice polimerica a basso coefficiente di attrito. Sui fianchi esterni della struttura sono fissate le lamine in acciaio.

Una volta preparato, il laminato a sandwich è stampato tramite una pressa, che applica anche del calore, oltre alla pressione. Il risultato è un manufatto rigido e resistente. Seguono poi le operazioni di finitura superficiale.

Per quanto riguarda le tavole da snowboard, sviluppate più recentemente rispetto agli sci, possiamo affermare che in generale valgono gli stessi concetti costruttivi e sui materiali espressi precedentemente per gli sci.

Strumenti Musicali

Anche nel settore musicale, negli ultimi decenni si è cercato una materiale alternativo per la sostituzione del legno e di altre sostanze naturali, utilizzati per la fabbricazione di tali strumenti. I legni pregiati, necessari per tali produzioni, sono sempre più rari e costosi.

I materiali compositi rappresentato ad ora l'alternativa più interessante, i quali consentono la fabbricazione di strumenti musicali leggeri, resistenti ed anche più economici.

L'impiego dei materiali compositi comporta però una rivoluzione delle tecniche di costruzione del settore.

Come si realizzano i manufatti

Come vedremo in dettaglio nei capitoli successivi esistono diversi metodologie e processi di realizzazione di parti in composito.

Ogni metodo viene scelto in base al settore di applicazione ed alle risorse disponibili.

Per le lavorazioni semplici o le auto-costruzioni, è ancora molto utilizzato il metodo della laminazione manuale. Il quale consente di lavorare direttamente sullo stampo o parte da realizzare, in condizioni di pressione e temperatura ambiente. Non consente di realizzare parti strutturali di alta qualità, in quanto il rapporto tra tessuto di rinforzo e resina non è facilmente gestibile. Inoltre richiede un tempo di finitura superficiale delle parti superiore ai metodi successivi. Risulta comunque relativamente semplice, rapido e poco costoso.

Il metodo più utilizzato a livello industriale è quello di laminazione sottovuoto in autoclave. Questo metodo consente di realizzare particolari strutturali di alta qualità e con caratteristiche meccaniche ripetibili. Permettendo così di produrre parti in serie. Il miglior risultato con questo processo, si ottiene utilizzando materiali compositi preimpregnati(prepreg), i quali consentono di realizzare forme e particolari complessi, con spessore dimensionale estremamente controllato.
Questo metodo è molto costoso, l'autoclave richiede investimenti economici e spazi importanti, quindi è appannaggio delle sole aziende che hanno in generale come clienti finali, il settore aeronautico o delle competizioni sportive motoristiche.

La laminazione sottovuoto senza autoclave invece è meno costosa ed alla portata di tutti, utilizzabile quindi anche da gli auto-costruttori. Il componente più costoso per questo processo risulta la pompa a vuoto reperibile per meno di 200€ nei negozi di bricolage o online.
Con tale processo, se lo stampo è ben realizzato, si ottengono

particolari strutturali ed estetici di elevata qualità.

Un'altro metodo che ha avuto un importante successo e sviluppo recentemente nel settore nautico, è quello di laminazione per infusione a vuoto(LRTM-Light Resin Transfer Molding). Grazie a questo metodo è possibile realizzare particolari di dimensioni importanti, quali scafi di imbarcazioni, in modo più semplice ed economico rispetto ad altri, non richiede l'autoclave e consente di posizionare i tessuti di rinforzo nello stampo a secco. Infatti la resina verrà infusa successivamente applicando l'aspirazione sottovuoto. Tale metodo è ancora in evoluzione ed è possibile applicarlo anche su piccola scala e nel settore delle auto-costruzioni.

CENNI DI MECCANICA DEI MATERIALI

Principi di base dei materiali

In questo capitolo definiremo concetti base sulla scienza dei materiali, molto importanti per comprendere meglio i capitoli successivi.

Verranno affrontati i concetti di materiali resistenti e rigidi.

Tutti sanno che l'acciaio è intrinsecamente differente dalla plastica.

Anche se i materiali compositi possono essere classificati come "resistenti", dobbiamo conoscere come e perché si arriva a tale risultato e classificazione.

Concetto di Resistenza

Nella vita quotidiana, nessuno sano di mente attraverserebbe un fume con una barca di legno marcio, ma lo farebbe però con una barca in buone condizioni. Oppure chi volerebbe su un aereo commerciale che si presenta con le ali danneggiate? Ovviamente nessuna persona normale.

Tali scelte quotidiane, le facciamo senza effettuare calcoli o essere ingegneri, ci affidiamo al buon senso ed all'educazione e istruzione che abbiamo ricevuto.

I materiali compositi attualmente sono meno presenti nella vita quotidiana rispetto al legno, acciaio, alluminio e plastica, è quindi meno intuitivo classificarli rispetto agli esempi quotidiani sopracitati.

Tante persone saranno di conseguenza, scettiche riguardo all'utilizzo dei materiali compositi. Ma va tenuto conto che i processi di calcolo e realizzazione dei manufatti in composito sono completamente differenti dagli altri settori. Rispettandone e valutandone attentamente le caratteristiche fisiche e meccaniche, si otterranno i risultati importanti che ci si aspetta da tale tecnologia.

Abbiamo quindi appena compreso come classifichiamo un materiale resistente rispetto a un'altro.

Concetto di Rigidità

Per comprendere questo concetto dobbiamo ragionare in termini fisici di azione e reazione.

La rigidità è la capacità che ha un corpo di opporsi alla deformazione elastica provocata da una forza applicata.

Tutti sappiamo che un particolare in acciaio è più rigido di uno in gomma sintetica.

Se prendiamo come esempio una autovettura parcheggiata e ferma, la propria massa viene distribuita sulle quattro ruote, le quali poggiano, tramite gli pneumatici, sulla pavimentazione. Quello che succede in questo caso, è che gli pneumatici, si defletteranno e deformeranno sotto il peso applicato, generando una forza reagente a quella della forza peso.

Mentre la pavimentazione non si deformerà in modo evidente, risultando quindi più rigida rispetto agli pneumatici.

Il punto è che qualsiasi materiale solido si deforma sotto carico e produce una forza di reazione opposta a quella di carico.

Concetto di Deformazione e legge di Hooke

Il fisico inglese R. Hooke, stabilì che la forza elastica è direttamente proporzionale all'intensità della deformazione (sempre per valori inferiori al limite di elasticità) ed è sempre opposta a quella che provoca la deformazione stessa.

Nel caso di una molla, per esempio, la sua deformazione, cioè il suo allungamento, è maggiore quanto più grande è la forza con cui essa viene mantenuta in trazione.

Secondo tale legge, il modulo della forza elastica è dato dall'espressione:

$$F = -k \times x$$

Dove k è detta costante elastica, caratteristica del materiale ed x il vettore spostamento, che nel caso della molla è pari al suo allungamento. Il segno negativo, indica che la forza ha verso opposto allo spostamento, opponendosi alle deformazioni con un'intensità a loro direttamente proporzionale, tendente a riportare la molla alla lunghezza iniziale.

Si considera la deformazione elastica, una deformazione che scompare al cessare della sollecitazione, altrimenti si ha a che fare con una deformazione plastica o permanente. In generale vi sono materiali che hanno praticamente solo deformazione plastica e materiali che sono elastici fino un certo valore della sollecitazione, dopo il quale si ha plasticità fino alla rottura.

Materiali come la gomma, il vetro, l'acciaio ed il diamante possono essere considerati elastici.

Modulo di Elasticità (Modulo di Young)

Il Modulo di Young è stato inventato per definire la rigidità intrinseca di un materiale, indipendentemente dalla sua applicazione. Rappresenta la costante elastica di un materiale, può essere definito dal rapporto tra il carico specifico(δ) e la deformazione corrispondente(ϵ) :

$$E = \frac{\delta}{\epsilon}$$

Il Modulo di elasticità normale (o longitudinale) è caratteristico per ogni tipo di materiale. In meccanica viene anche chiamato Modulo di Elasticità alla Trazione.

Per comprendere facilmente la scala dei valori in campo, basta analizzare la tabella sottostante:

Materiale	Modulo di Young(E)(MPa)
Gomma	7
Plastica per Bottiglie	1300
Matrice in Resina Epossidica	5500
Legno(medio)	14000
Ossa	41400
Cemento per Edilizia	69000
Vetro per Bottiglie	69000
Fibra di Vetro(E-Glass)(1)	69000
Alluminio(2024T3)	73000
Fibra di Kevlar® 49(1)	131000
Titanio	196000
Acciaio legato 42 CrMo 4	230000
Fibra di Carbonio HS(1)	160000÷270000
Diamante	1172000

Nota 1: Riferiti alle fibre secche, non laminate

Risulta facile comprendere che il diamante sia di gran lunga più rigido, rispetto alla gomma.

Possiamo così farci un idea di come collocare le fibre di vetro, carbonio e aramidica, nei confronti dei materiali più noti.

Le Sollecitazioni Principali

Nella scienza dei materiali, la resistenza meccanica è la proprietà indicante il massimo sforzo, che un materiale è in grado di sopportare prima che sopraggiunga la sua rottura.

La resistenza meccanica dei materiali, rispetto ai vari tipi di sollecitazione, può essere misurata con prove specifiche di compressione, trazione, flessione, taglio e torsione, di conseguenza si parlerà rispettivamente di resistenza a compressione, resistenza a trazione, etc.

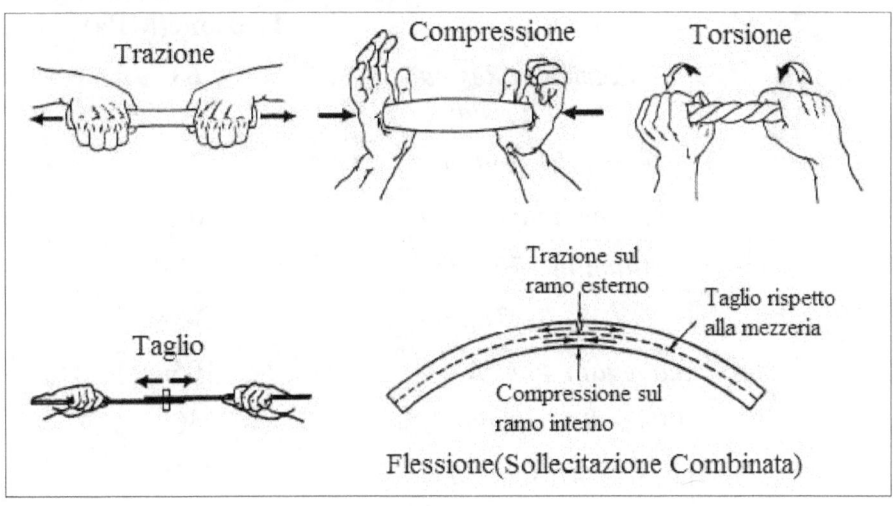

Comparazione dei Materiali sotto carico

Dal punto di vista numerico, la resistenza di un materiale è la sollecitazione misurata, richiesta per portarlo alla rottura. Tale parametro viene misurato sia per le sollecitazioni a trazione, che per quelle a compressione. Generalmente nelle tabelle dei materiali viene fornito il parametro a trazione.

La rigidità non ha alcun effetto sulla resistenza e viceversa.

Il vetro, ad esempio, ha un modulo di Young abbastanza alto e paragonabile a quello dell'alluminio, ma si romperà a sollecitazioni molto più basse.

Nella tabella di seguito sono riportati i parametri di carico di rottura a trazione dei materiali più comuni:

Materiale	Carico di Rottura a Trazione(MPa)
Matrice in Resina Epossidica	63
Vetro per Bottiglie	70
Legno(Spruce lungo fibra)	103
Alluminio(7075T6)	345
Titanio	345
Acciaio legato 42 CrMo 4	1050
Fibra di Carbonio(1)	2400
Fibra di Vetro(E-Glass)(1)	3450
Fibra di Kevlar® 49(1)	3800
Nota 1: Riferiti alle fibre secche, non laminate	

Dalla tabella emergono valori molto interessanti per le fibre dei tessuto di rinforzo per materiali compositi, tuttavia tale valore verrà ridotto drasticamente, dopo che saranno tessute e laminate con la matrice in resina; tutto ciò sarà affrontato nei capitoli successivi.

LE FIBRE DI RINFORZO

Panoramica

Tratteremo di seguito le principali tipologie di fibre di rinforzo. Dal punto di vista teorico, questo capitolo, insieme al successivo, vanno considerati i più importanti di tutto il manuale.

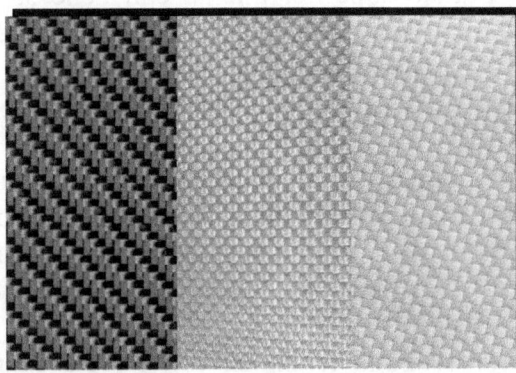

Vedremo come vengono fabbricate e a fine capitolo effettueremo un paragone delle loro più importanti caratteristiche.

Prima di iniziare questo paragrafo è importante chiarire un paio di concetti basati su definizioni usate spesso in modo ricorrente.

Spesso viene utilizzato in modo generico il termine vetroresina, ma è bene sottolineare che dal punto di vista meccanico ed economico, vi è una notevole differenza tra un manufatto o prodotto realizzato con lana di vetro(mat) e resina ed uno realizzato con tessuto di vetro e resina. In sostanza quest'ultimo risulta più resistente e raffinato meccanicamente, anche se più costoso.

Giusto per citare un esempio, la vetroresina realizzata con il mat e resina poliestere, viene utilizzata spesso in nautica per realizzare gli scafi ed anche per fabbricare i cassonetti dell'immondizia.

Per quanto riguarda la commercializzazione, le fibre di rinforzo, sono vendute generalmente al dettaglio, come tessuti arrotolati su tubi di cartone o plastica, oppure ripiegati e imbustati quando sono acquistati in quantità inferiore al metro, proprio come per i tessuti in cotone o sintetici. Il prezzo è stabilito per metro lineare del prodotto.

L'altezza del tessuto venduto è generalmente di 1000mm o 1270mm.

Le fibre di rinforzo vengono vendute anche come nastri di rinforzo, avvolti in rotoli o rocchetti.

La Fibra di Vetro

Come dice lo stesso nome, le fibre di cui stiamo discutendo sono fabbricate dal vetro. Tali fibre vengono prodotte tramite un processo di trafilatura, facendo passare il vetro fuso attraverso delle filiere dotate di centinaia di fori. Si ottiene così un filamento che può avere una lunghezza adattabile ai vari processi industriali.

Il filamento viene poi trattato superficialmente con delle sostanze chimiche per migliorarne le caratteristiche di scorrevolezza, resistenza all'abrasione e l'iterazione con la matrice.

Comunemente le fibre di vetro, vengono fornite sotto forma di filati, quindi tessuti in vari modi.

I filati vengono ulteriormente trattati chimicamente al fine di proteggerli per la conservazione. Tali sostanze protettive verranno eliminate prima della messa in commercio del prodotto finale(tessuto o fibra di rinforzo), tramite un processo di essiccazione.

I filati in fibra di vetro, vengono realizzati con fasci a filamenti paralleli, oppure tramite fasci di filamenti ritorti ad S o a Z, che formano così dei trefoli, i quali poi vengono avvolti per formare il filato.

Le fibre di vetro, vengono prodotte in diverse tipologie, contraddistinte da lettere alfabetiche, di seguito illustreremo una classificazione e codifica di esempio reale:

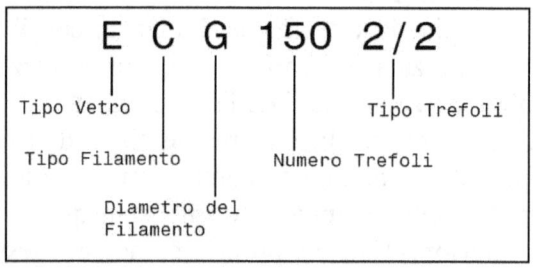

Tipo di vetro:
E = Elettrico, sono le più utilizzate e comuni in tutti i settori.
C = Chimico, vengono impiegate principalmente in ambienti chimicamente corrosivi.

S = Ad alto modulo, solitamente impiegate in campo aeronautico per particolari strutturali.

Tipo di fibra:

C = Continua, trattasi di un filamento continuo.

S = Fiocchi, utilizzati per creare rinforzi particolari.

Diametro del filamento: Viene espresso in pollici o millimetri, rappresenta il diametro esterno, secondo una tabella fornita dal produttore.

Numero Trefoli: Rappresenta il numero di trefoli nella fibra rispetto all'unità di lunghezza specificata dal produttore.

Tipo Trefoli: Rappresenta il numero di coppie di trefoli nella fibra e come sono avvolti.

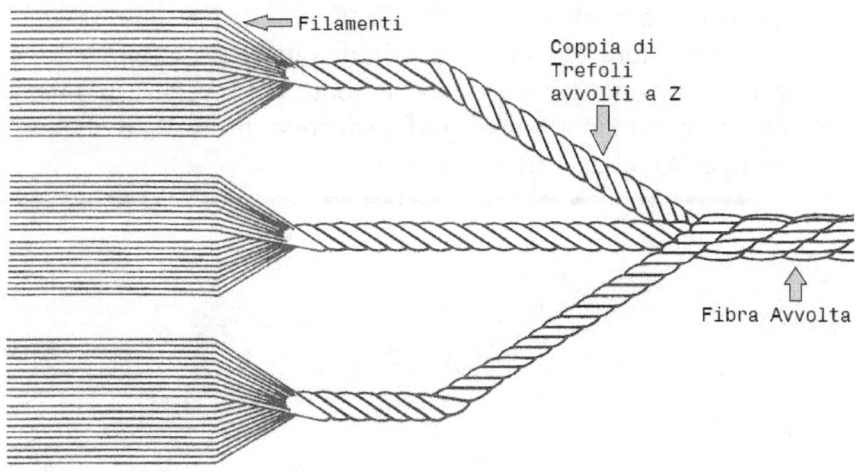

La Fibra di Carbonio

Il processo produttivo di questa fibra è molto più complesso e costoso rispetto agli altri tipi, ed è stato sviluppato più recentemente rispetto alla fibra di vetro. La prima produzione commerciale risale agli anni 60'.

Un aspetto singolare della commercializzazione della fibra di carbonio e la nomenclatura utilizzata per denominare tale prodotto. Ovvero molti la chiamano anche Grafite, o Fibra di Grafite anziché di Carbonio. Comunque, le due definizioni sono intercambiabili tra loro e definiscono la stessa cosa.

Questa è una diatriba di lunga data, creata dagli scienziati che lo hanno originariamente formulato e prodotto, ed attualmente non è stata ancora risolta!

Come la fibra di vetro, ha origini piuttosto semplici. Le fibre di carbonio sono generalmente prodotte attraverso l'ossidazione, la carbonizzazione e quindi grafitizzazione di un filato, ciò avviene in tre operazioni distinte e continue.

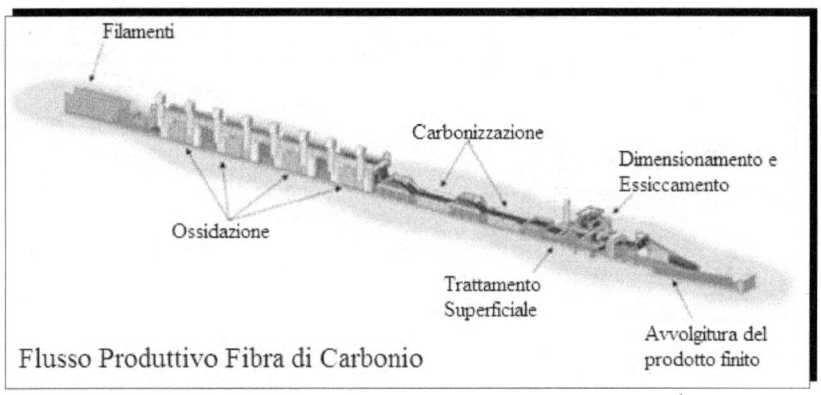

Flusso Produttivo Fibra di Carbonio

Tali operazioni vengono eseguite in genere su un filamento multiplo di poliacrilonitrile (PAN), fornito in un modo molto simile a quello utilizzato per i tessuti sintetici.

Quando il filato è destinato ad essere utilizzato per la produzione delle fibre di carbonio viene sempre rigorosamente controllato. Questo è dovuto al fatto che la qualità e la natura del filato in PAN, ha una forte influenza sulle proprietà strutturali della fibra di carbonio prodotta da esso.

Oltre ad essere fabbricati da Rayon o PAN, la fibra di carbonio è anche prodotta da fibre ottenute direttamente dal settore petrolifero o dal catrame. Teoricamente, quest'ultime dovrebbero garantire un costo produttivo più basso nella realizzazione della fibra finale, ma finora questo processo non risulta quello più utilizzato.

Considereremo di seguito il solo processo produttivo per le fibre di tipo PAN, considerato il riferimento mondiale per questo prodotto.

Nei processi di produzione attuali, le fibre di carbonio richiedono un trattamento di ossidazione superficiale, ciò permette di ottenere un legame più forte con la matrice in resina, nelle successive fasi di laminazione. dopodiché viene affrontato un ulteriore trattamento che consiste nell'applicazione di un materiale che agisce come una vernice di fondo, questo sempre al fine di migliorare ulteriormente il successivo legame alla matrice in resina, oltre che a renderne la manipolazione più semplice.

Tali trattamenti possono essere effettuati in diversi modi, ma il metodo più usato dai produttori, è quello di rivestire la fibra con un sottile strato di resina epossidica o similare.

Una maggiore ossidazione di solito fornisce una migliore adesione alla matrice in resina, ma può peggiorare le altre proprietà, mentre l'aggiunta della resina, agisce sulla maneggevolezza della fibra prodotta. Tipicamente, viene applicata in una quantità pari a all'uno o due per cento del peso della fibra.

Il diametro del filamento ottenuto risulta vario, la maggior parte dei filamenti PAN ha un diametro compreso tra 5 e 7 um(1 micron equivale a 1 milionesimo di metro).

Quelle a maggiore densità specifica servono per realizzare i tessuti di rinforzo, mentre quelle più leggere verranno destinate alla produzione dei preimpregnati unidirezionali.

Ogni produttore di fibra di carbonio ne realizza diversi tipi, i quali rappresentano la sua linea di prodotti.

Nella maggior parte dei casi, i prodotti sono simili tra un produttore e l'altro, ma non abbiamo in commercio fibre di carbonio standardizzate.

Di conseguenza, qualsiasi rimpiazzo del prodotto con uno simile richiede una accurata verifica e valutazione. Questa situazione è ben diversa da quella che esiste per la fibra di vetro commercializzata da differenti produttori, in questo caso i prodotti sono equivalenti e quindi standardizzati. Ciò rende facile il passaggio da un fornitore di fibra di vetro all'altro, senza comprometterne le prestazioni strutturali, mentre tale passaggio tra differenti produttori di fibre di carbonio, può rivelarsi piuttosto problematico. In particolare in applicazioni strutturali.

Per questo, quando si utilizza qualsiasi tipo di fibra di carbonio, in fase di progetto, è necessario specificare sia il produttore, che l'esatto filamento considerato. Poiché vi sono diversi produttori, con differenti fibre a catalogo, diventa obbligatorio specificare correttamente il tipo desiderato, pena una conseguente confusione nella realizzazione del manufatto finale.

I progettisti hanno un'ampia scelta della tipologia di fibre, classificate per differenti moduli. A parità di classe, le fibre PAN possono avere un modulo di elasticità(Modulo di Young) pari a 227 GPa (tipo più comune), 289, 344 o persino 413 GPa e talvolta anche più alto. Ciò è particolarmente sorprendente, considerando che per quanto riguarda l'acciaio, siamo su valori intorno ai 200-223 Gpa.

Ovviamente la rigidezza della struttura laminata non è elevata come quella della fibra, questo dipende dalla densità delle fibre scelte e dal quantitativo della matrice in resina in rapporto alle fibre.

Tuttavia, anche nel caso in cui le fibre siano orientate in diverse direzioni, quindi non parallele, e laminate con la matrice in resina, con ovvio decremento delle prestazioni strutturali, il manufatto realizzato presenta comunque elevata rigidezza. Tale proprietà, può essere anche più alta da due, a tre volte rispetto a quella equivalente di una struttura in acciaio. Mentre il peso si riduce a circa un quarto, o anche alla metà, sempre di una struttura equivalente in acciaio.

Le fibre in carbonio risultano le più rigide tra tutte le fibre disponibili sul mercato. Presentano una elevata resistenza alla trazione e a compressione, buona resistenza alla corrosione, alla fatica ed alla rottura per scorrimento.

In generale, la resistenza all'urto è più bassa rispetto alle fibre aramidiche ed alla fibra di vetro.

La Fibra Aramidica(Kevlar® e Twaron®)

Un altro tipo fibra che ha ottenuto un importante sviluppo, è la fibra aramidica, comunemente conosciuta come Kevlar®. Questo materiale prodotto da Dupont©. Viene prodotto anche con il nome di Twaron® dalla Teijin Aramid, sussidiaria di Teijin Group.

Dal punto di vista chimico può essere classificato come una fibra sintetica, più precisamente come polimero organico sintetico.

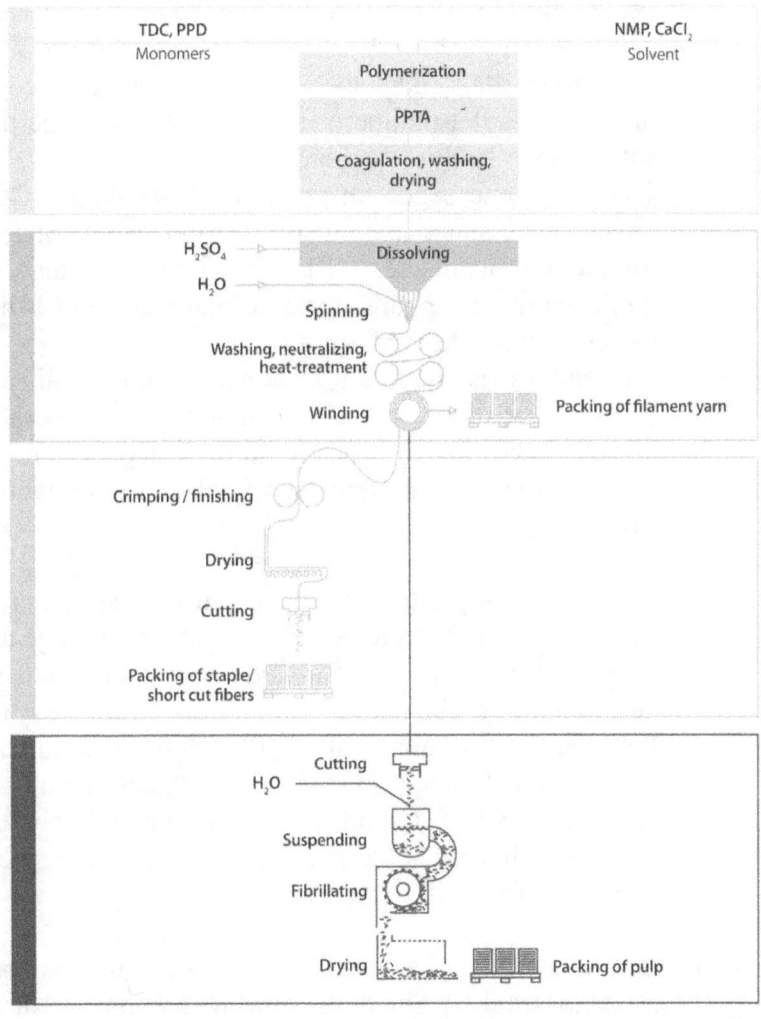

Il processo produttivo di realizzazione dei filamenti può essere riassunto in tre fasi essenziali, eseguite in modo sequenziale:

Polimerizzazione: Nella prima fase i monomeri vengono convertiti in un polimero, ovvero un composto solido a grana fine. Questo ha la tipica resistenza al calore e chimica della fibra para aramidica. Tuttavia esso non ha ancora acquisito le proprietà caratteristiche del prodotto finale.

Tale materiale, sotto forma di polvere fine, viene utilizzato per migliorare le proprietà di alcuni componenti plastici.

Trafilatura del filamento: La seconda fase comporta la dissoluzione del polimero in acido solforico, che produce un soluzione cristallina liquida.

Tale soluzione segue un processo di trafilatura, il filamento viene successivamente avvolto, dopo essere stato lavato e trattato termicamente. I filamenti generati hanno un colore giallo naturale, oppure viene colorato di nero(il diametro di ciascun filamento è inferiore a12 µm).

La struttura risultante è praticamente paracristallina al 100%, con una catena molecolare distribuita in modo parallelo lungo l'asse della fibra. Questo alto grado di orientamento contribuisce alle caratteristiche finali più importanti di questa fibra.

Taglio: Per la produzione di fiocchi o di spezzoni di fibra, i filamenti vengono compattati e trattati con un agente chimico di finitura. Dopo l'asciugatura, vengono tagliati alla lunghezza desiderata e confezionati.

Per alcuni settori applicativi, i filamenti vengono convertiti in una pasta. Il filamento viene prima tagliato, tenuto sospeso in acqua e fibrillato. Quindi esso è direttamente confezionato e commercializzato come polpa umida, oppure essiccato per la vendita in forma di pasta secca.

I diametri delle fibre di Kevlar® e i metodi utilizzati per la loro gestione, sono simili quelli delle fibre di carbonio e di vetro, ma

questo materiale è disponibile in forma differente. Infatti il Kevlar®
è prodotto in fibre a dimensione unica. Queste fibre sono impiegate
per produrre filati di vari densità.

Rispetto alle altre fibre, il Kevlar® risulta a tutti gli effetti un ottimo
prodotto da tutti i punti di vista.

I filamenti prodotti si contraddistinguono per una elevata resistenza a
trazione. Possiedono anche un ottima resistenza al calore, agli urti e
all'abrasione. Risulta anche più leggero della fibra di carbonio. Non
ha una elevata resistenza a compressione, la quale risulta
paragonabile o inferiore, a quella della fibra di vetro.

Viene prodotto in vari tipologie a seconda dell'applicazione.

Il Kevlar® 29 è utilizzato per la fabbricazione dei giubbotti
antiproiettile. Viene anche usato per i caschi militari, come pure per
le corazze antiproiettile dei mezzi militari. Il Kevlar® 29 è
estremamente leggero e pesa circa la metà dell'alluminio.

Il tipo di Kevlar® che viene utilizzato per applicazioni strutturali è il
Kevlar® 49, e più recentemente il Kevlar® 149, definiti alto
modulo.

A differenza delle fibre di carbonio, il Kevlar® non conduce
elettricità e risulta trasparente alle onde elettromagnetiche, due
problemi possibili con l'utilizzo delle fibre di carbonio.

Le fibre aramidiche, tuttavia, tendono a degradarsi se esposte in
modo prolungato ai raggi ultravioletti.

Uno degli svantaggi del Kevlar® è che richiede in fase di
laminazione degli utensili da taglio particolari, proprio la sua tenacia
lo rende difficile da tagliare e lavorare, rispetto agli altri tipi di fibra.

Le Trame dei rinforzi in fibra

Prima di passare ai paragrafi successivi, introdurremo i concetti base del settore tessile, i quali ci serviranno ad apprendere meglio le nozioni di seguito. Definiremo quindi il concetto di Trama e Ordito.

Detti termini hanno una lunga storia che risale ai tempi dei primi telai.

La Trama è un insieme di fili che assieme a quelli dell'Ordito concorre nella formazione di un tessuto.

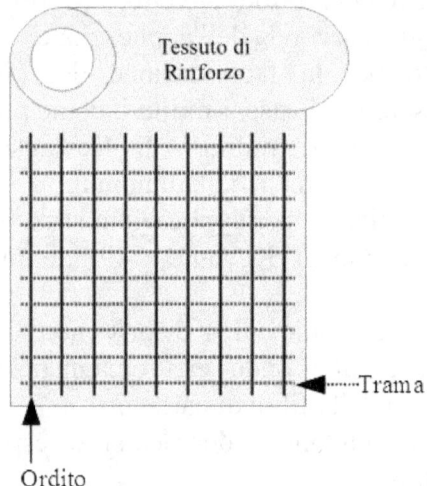

Se si osserva il tessuto formato da un telaio, i fili della Trama risultano quelli disposti orizzontalmente. Invece l'Ordito rappresenta i fili perpendicolari alla Trama.

Possiamo suddividere le fibre o tessuti di rinforzo nelle due seguenti classi:

ORIENTAMENTO PREDOMINANTE	CLASSIFICAZIONE FIBRA
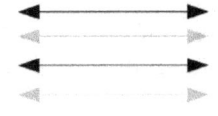	Unidirezionali: Si classificano come tali quando le fibre del rinforzo sono orientate in una predeterminata direzione e tutte parallele tra loro, spesso vengono contraddistinte a livello internazionale con la sigla UNI.
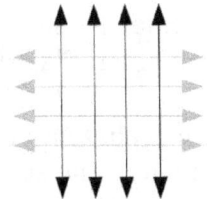	Bidirezionali o Bilanciate: Si classificano come tali invece quando le fibre del rinforzo sono incrociate formando un angolo tra di loro, queste vengono contraddistinte a livello internazionale con la sigla BID.
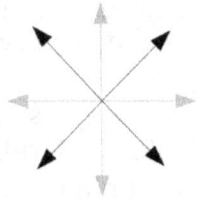	Multi-Assiali: Si classificano multi-assiali, le fibre di rinforzo disposte parallelamente a strati sovrapposti, ed orientate nelle varie direzioni. Le fibre possono avere diversi orientamenti, in quelle bi-assiali sono comunemente disposte a 0/90° ed a +/- 45°, esistono anche tessiture più complesse denominate quadri-assiali.

I tessuti Bidirezionali sono quelli più utilizzati nella maggior parte delle applicazioni, mentre gli Unidirezionali essendo fortemente anisotropi, vengono impiegati quando si deve realizzare un manufatto soggetto a sforzi meccanici lungo una sola direzione prevalente.

Di seguito vengono mostrate i sei tipi di trame più comuni:

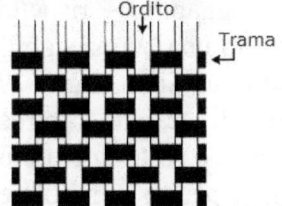

Plain: Le fibre di trama e ordito, sono intrecciate in modo alternato, uno sopra e uno sotto l'altra. Il tessuto risulta stabile e simmetrico. Generalmente è meno drappeggiabile delle altre. Dal punto di vista meccanico non risulta quella con caratteristiche migliori. L'alto numero di fibre piegate, ne limita le proprietà meccaniche rispetto ad altri tipi di tessitura.

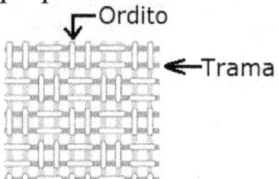

Basket: Risulta simile alla Plain tranne, per il fatto che due o più fibre sono intrecciate uno sopra l'altra.

Risulta più drappeggiabile e resistente meccanicamente della Plain, ma è meno stabile.

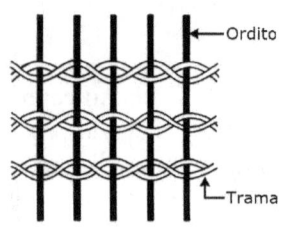

Leno: Viene usata quando si ha a che fare con un numero relativamente basso di fibre. Anche questa è simile alla Plain. Risulta molto stabile.

Questo tipo di trama è realizzata con due o più fibre della trama attorcigliate su quelle di ordito a spirale.

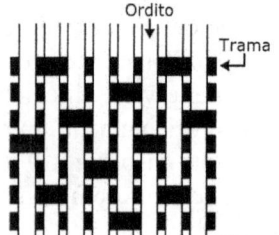

Four Harness Satin (Crowfoot) e Five-Eight Harness Satin: Trame molto drappeggiabili e bagnabili, rispetto alla Plain, consentono il rivestimento di curvature complesse.

Hanno una tessitura simile alla Twill, ma con minori intersezioni tra ordito e trama. Il numero di fibre tra ogni intersezione è per definito dal numero di designazione(4, 5, 8). Questa trama ha buone caratteristiche meccaniche, ma avendo una tessitura asimmetrica, dovremo considerare tale aspetto in fase di progettazione, ciò ai fini di calcolo strutturale. Rispetto ad altre trame sono anche meno stabili.

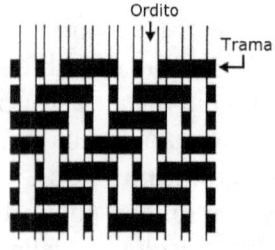

Twill(Batavia): Risulta più maneggevole, drappeggiabile e bagnabile, rispetto alla Plain, pur mantenendo una buona stabilità del tessuto rispetto alle Four/Eight Harness Satin.

Una o più fibre di trama s'intrecciano alternativamente sopra e sotto due o più fibre di ordito, in modo ripetuto e regolare. Ciò

produce l'effetto visivo di una diagonale lungo il tessuto.
La stabilità è leggermente minore rispetto alla Plain ma ha buone caratteristiche meccaniche.

In generale le trame tipo Plain e Twill risultano le più diffuse.
A parità di tipologia di fibra il tipo Plain presenta caratteristiche meccaniche superiori, non è delicato da maneggiare, ma risulta meno drappeggiabile e quindi non adatto a superfici con curvature complesse.
Mentre il tipo Twill, ha caratteristiche meccaniche leggermente inferiori alla precedente, è un po' più delicata da maneggiare per via della trama più complessa, ma risulta molto drappeggiabile e si adatta bene a superfici complesse.
Personalmente ritengo che dal punto di vista estetico e pratico, entrambi le trame siano molto valide.
Le trame appena descritte sono impiegate nella fabbricazione di tutti i tessuti di rinforzo, con le varie tipologie di fibre che abbiamo considerato(vetro, carbonio, aramidica).
Ogni produttore di tessuti di rinforzo fornisce le caratteristiche tecniche della trama e del tipo di fibra in apposite schede tecniche(datasheets), dove troveremo tutte le informazioni necessarie per effettuare le valutazioni del prodotto.

Tessuti ibridi

Vengono definiti come tali, i tessuti realizzati con due o più tipologie di fibra.
Il tipo più comune è quello denominato tessuto carbon-kevlar, realizzato con fibre aramidiche e di carbonio in rapporto 2:1(aramid. : carbonio).
La trama con cui è realizzato è del tipo Plain.
Questo tessuto ha caratteristiche meccaniche eccellenti, in quanto combina la rigidità della fibra di carbonio con la resistenza agli urti di quella aramidica.
Risulta anche molto leggero.Questo tessuto è indicato per tutti i tipi di manufatti, sia per gli strati interni che esterni, del laminato.

Tessuti in poliestere

Nei casi in cui è necessario mantenere i costi di realizzazione e sia importante la resistenza agli urti e all'abrasione, questo tipo di tessuto è in grado di sostituire egregiamente la fibra di vetro e quella aramidica. Presenta anche una buona elasticità.

In commercio viene anche utilizzato per produrre il finto tessuto in carbonio, ovvero un tessuto che esteticamente ha l'aspetto della fibra di carbonio, ma in realtà ha caratteristiche meccaniche inferiori. Esistono anche rivenditori che lo spacciano per carbonio vero, ma vi sono dei semplici metodi per screditare tali situazioni, tratteremo l'argomento nel capitolo "REALIZZAZIONI PRATICHE".

Nastri in Tessuto

Tutte i tessuti in fibra sopracitati, vengono utilizzati anche per produrre nastri in tessuto di rinforzo, adatti a creare zone di rinforzo sul manufatto in fase di laminazione, ed anche per eventuali riparazioni.

I Preimpregnati(Prepreg)

Sono definibili come tali, i tessuti di rinforzo che sono strati impregnati, con della resina pre-catalizzata allo stato liquido, mediante un apposito processo industriale.

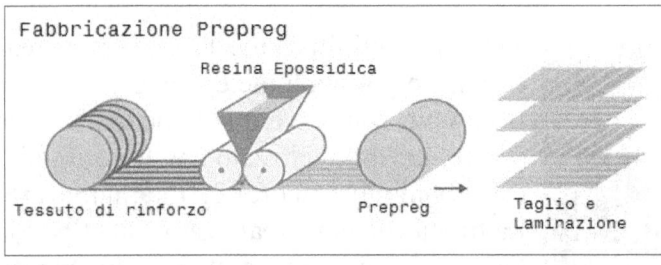

Tali prodotti rappresentano, dal punto di vista tecnico, l'eccellenza per le lavorazioni di manufatti di elevatissima qualità e per le produzioni in serie.

Questo perché sono già pronti all'utilizzo e quindi per essere posizionati nello stampo, non è necessaria l'applicazione della resina come in tutti gli altri processi di lavorazione tradizionali. Ciò riduce notevolmente i tempi di lavorazione e consente un posizionamento molto accurato nello stampo e la possibilità di controllare lo spessore del laminato in modo molto preciso.

I preimpregnati hanno un contenuto di resina che viene dichiarato dal produttore(solitamente inferiore al 50%).

Tale resina catalizza solo quando supera una temperatura specifica, che per motivi intrinseci, è superiore a quella ambiente. Questo parametro è fornito dal produttore, possiamo considerare come riferimento che quelli con temperatura di catalizzazione più bassa, hanno valori intono ai 70°C.

Ciò rende mandatorio l'impiego di un apposito forno industriale per la catalizzazione della resina, seguendo il ciclo di cura del prodotto come indicato dal produttore, che prevede rampe di riscaldamento e raffreddamento controllate per il manufatto.

Per ottenere il massimo risultato, dal punto di vista strutturale ed estetico, i preimpregnati vengono impiegati nei processi di lavorazione sottovuoto e sottovuoto in autoclave.

Quelli commercializzati negli ultimi anni, possono essere spediti, immagazzinati e conservati a temperatura ambiente, hanno solitamente una data di scadenza che è intorno ai 12 mesi con temperatura ambiente inferiore a 25°C, se la temperatura sale intorno ai 30°C si dimezza la data di scadenza.

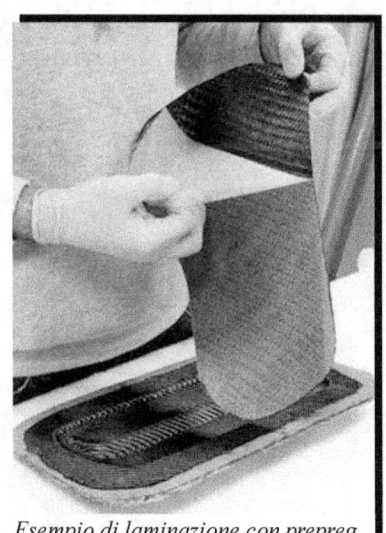

I preimpregnati sono prodotti per le tipologie di fibre di rinforzo

Esempio di laminazione con prepreg in fibra di carbonio

considerate(vetro, carbonio, aramidica) e con vari tipi di resina, ma comunemente viene utilizzata la resina epossidica.

I più reperibili sono quelli in fibra di carbonio e vetro.

Vengono forniti avvolti in rotoli standard e protetti da pellicole plastiche antiaderenti, le quali vanno rimosse al momento del posizionamento nello stampo, vengono tolte dopo aver tagliato il preimpregnato nella geometria e dimensione prevista.

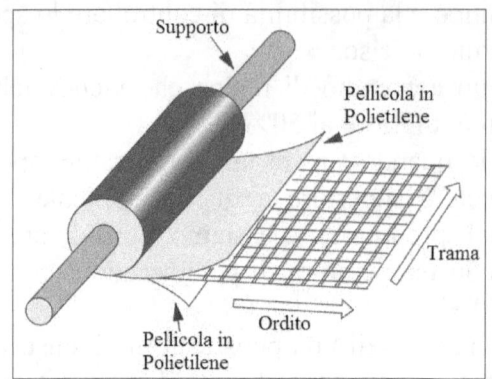

I preimpregnati in fibra di carbonio sono largamente utilizzati nel settore aeronautico e nella Formula Uno, risultano attualmente i più utilizzati e reperibili in commercio. Il costo unitario per questo tipo è piuttosto elevato, intorno ai 65€ per metro quadro.

Tale costo diventa giustificabile solo se si adottano metodi produttivi che garantiscono un elevata qualità finale del manufatto.

In conclusione, tali prodotti sono poco adatti alle lavorazioni manuali e artigianali. Nulla vieta comunque di sperimentarne l'utilizzo anche per puro scopo didattico o per curiosità.

Tabelle caratteristiche e comparative

Tabella comparativa caratteristiche principali delle fibre di rinforzo:

Caratteristiche	Fibra di Vetro	Fibra di Carbonio	Fibra Aramidica
Densità	*	****	****
Resistenza a Trazione	**	****	***
Resistenza a Compressione	***	****	*
Rigidità	**	****	***
Resistenza a Fatica	***	***	****
Resistenza all'Abrasione	**	**	****
Lavorabilità	****	****	*
Conducibilità Elettrica	*	****	*
Resistenza al Calore	****	****	**
Resistenza all'Umidità	***	***	**
Compatibilità con le Resine	****	****	**
Costo	****	*	**
Legenda:Scarsa=(*), Discreta=(**), Buona=(***), Ottima=(****)			

Tabella comparativa tra le trame delle fibre di rinforzo:

Caratteristiche	Plain	Basket	Leno	Twill
Stabilità	***	*	****	**
Drappeggiabilità	***	**	*	****
Porosità	***	***	*	****
Bilanciamento	****	****	**	****
Simmetria	****	***	*	***
Legenda:Scarsa=(*), Discreta=(**), Buona=(***), Ottima=(****)				

NOTA: Per informazioni più dettagliate sulle caratteristiche dei tessuti di rinforzo, consultare il Cap. "Caratteristiche Tipiche dei Tessuti di rinforzo" nella sezione APPENDICE.

RESINE ED ADESIVI

Introduzione

Tratteremo le principali tipologie di matrici in resina ed adesivi strutturali. Questo capitolo, insieme al precedente, vanno considerati i più importanti di tutto il manuale.

I tipi di resina impiegate per le autocostruzioni e anche per buona parte delle produzioni industriali, sono adatte a catalizzare a temperatura ambiente. Ovviamente andrà rispettato l'arco di temperatura ed il tempo di essiccazione previsto dal produttore.

Tutte le resine che affronteremo sono del tipo bicomponente, ovvero costituite da due distinti prodotti chimici, la resina base e l'indurente, forniti allo stato liquido, i quali andranno miscelati insieme rispettando il rapporto in peso o volume previsto tra i due componenti.

Durante la fase di mescola si formeranno delle bolle d'aria nella miscela, tali bolle sono elementi indesiderati in quanto comportano un degrado delle prestazioni meccaniche della matrice, ma nella maggior parte dei casi con opportuni accorgimenti che affronteremo nel capitolo "REALIZZAZIONI PRATICHE" , sarà possibile ovviare al problema riducendone la presenza.

Una volta mescolati correttamente, si otterrà un composto che verrà applicato al tessuti di rinforzo del manufatto, con pennelli, spatole e rulli.

Di seguito vengono elencati alcuni parametri fondamentali per le fasi di indurimento delle matrici in resina:

> Pot-Life: Rappresenta il tempo utile entro il quale è possibile utilizzare la miscela di resina e indurente, prima che il processo di polimerizzazione ed il conseguente aumento di viscosità renda ciò impossibile.
>
> Questo parametro può variare sia in relazione alla temperatura ambiente, che alla quantità di miscela preparata.
>
> La velocità di reazione nei sistemi epossidici dipende dal tipo

di indurente che si utilizza o da un eventuale accelerante.

Come riferimento per la definizione del parametro, viene considerata una massa di 200gr a temperatura ambiente di 25°C.

Temperatura di transizione vetrosa: Quando resina e agente indurente o il catalizzatore vengono miscelati, innescano una reazione chimica non reversibile, che forma un prodotto solido.

I sistemi termoindurenti come il poliestere e l'epossidico, una volta catalizzati non tornano più allo stato liquido se vengono scaldati, anche se le loro caratteristiche meccaniche variano significativamente a temperature elevate.

Tale temperatura è conosciuta come temperatura della transizione vetrosa "Tg". Questa varia considerevolmente in funzione della matrice in resina adottata, dalla temperatura della catalisi e dal modo in cui sono stati miscelati i due componenti.

Al di sopra della Tg, la struttura molecolare dei termoindurenti cambia da polimero rigido a polimero flessibile ed amorfo.

Tale cambiamento è reversibile con il raffreddamento sotto la Tg. Sopra la Tg la proprietà di rigidità della resina diminuisce fortemente e lo stesso vale per la resistenza alla compressione e al taglio dei materiali. Lo stesso accade per altre proprietà quali la resistenza all'acqua e la stabilità di colore.

Per i tipi di matrice che considereremo è possibile accelerarne la catalisi attraverso l'uso del calore, quindi maggior temperatura significa che più veloce sarà l'indurimento. Ciò è utile quando, a causa della temperatura ambientale bassa, la catalisi richiede molte ore, se non giorni.

Come esempio possiamo considerare un caso in cui l'effetto accelerante del calore sulla resina è tale, che un aumento di 10°C della temperatura, raddoppia il tasso di reazione. Per cui se una resina gelifica in un laminato in 25 minuti ad una temperatura di

20°C, la stessa resina potrà gelificare in circa 12 minuti alla temperatura di 30°C.

La catalisi a temperature elevate ha l'ulteriore vantaggio di incrementare le proprietà meccaniche finali del laminato.

Molte resine non offrono il massimo delle loro proprietà, se non vengono sottoposte al trattamento di "post-cura", che consiste nell'incrementare la temperatura del laminato dopo la catalisi iniziale a temperatura ambiente.

Questo procedimento, migliora la reticolazione tra le molecole.

Resine Epossidiche

Per questo tipo di resine, si trovano in commercio varie tipologie di prodotti, con qualità e viscosità differenti.

Dal punto di vista chimico è classificabile come una matrice polimerica organica.

Il gruppo epossidico si trova in alcuni polimeri, ottenuti addizionando epossidi e fenoli, quali epiclorina e bisfenolo. Il polimero ottenuto sotto forma di liquido viscoso, viene chiamato comunemente resina epossidica.

Per ottenere la condensazione per polimerizzazione della resina, deve essere addizionato un'altro componente, detto indurente, costituito generalmente da ammine, contenenti il gruppo amminico. Esso funziona come catalizzatore della reazione chimica.

Il processo di solidificazione di tali resine è piuttosto complesso e viene riassunto di seguito nei suoi passaggi in modo semplificato:

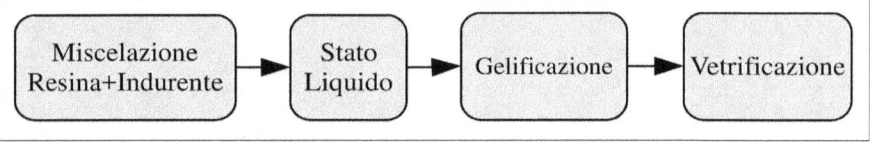

Dal punto di vista chimico l'indurimento può avvenire anche a temperatura ambientale relativamente bassa, se pur con tempistiche elevate. Ciò porta alla eliminazione dell'acqua formata da ossidri liberi, formando legami trasversali tra le singole molecole, secondo la reazione chimica definita reticolazione.

Nei processi industriali, l'indurimento avviene a temperatura più elevata rispetto a quella ambiente, con un processo di riscaldamento definito "curing". Spesso questo processo avviene in autoclave, ovviamente insieme al processo di sottovuoto ed aumento di pressione come vedremo nel capitolo "PROCESSI E METODI DI LAVORAZIONE".

Nel caso di indurimento a temperatura ambiente, quando si rende necessario, viene effettuato il cosi detto ciclo di post-cura(o post indurimento), che consiste nel riscaldare il manufatto, che ha già affrontato un ciclo di indurimento a temperatura ambiente, ad una temperatura superiore a quella ambiente per un intervallo di tempo predetermino. Con lo scopo di migliorare ulteriormente le caratteristiche meccaniche della matrice in resina.

Tale processo viene effettuato comunemente per i particolari strutturali.

Il livello della temperatura e l'intervallo di tempo per la fase di indurimento, sono parametri molto importanti. Ogni produttore di resine epossidiche fornisce tutte le indicazioni per garantire un corretto ciclo di indurimento.

Le resine di buona qualità e bassa viscosità sono a base di bisfenolo. Tali prodotti consentono una facile e rapida impregnazione dei tessuti di rinforzo. Inoltre sono molto più salutari ed inodore, rispetto ad altri prodotti.

Le resine a base di bisfenolo hanno inoltre prestazioni superiori. Un ciclo di indurimento tipico completo di tali prodotti, richiede una settimana a temperatura ambiente di 25°C.

Anche le caratteristiche meccaniche sono migliorate rispetto al passato, rendendo tali resine, molto più sicure nelle applicazioni strutturali.

Citando come riferimento l'autocostruzione di velivoli, possiamo affermare che fino a pochi anni fa venivano utilizzate per applicazioni strutturali, solo resine prodotte da tre o quattro aziende statunitensi. Adesso la scelta è molto più ampia e la qualità generale è superiore.

Quando si effettua la miscela della resina e dell'indurente, bisogna rispettare le dosi, evitando errori di mescola superiori al 3-5%. Pena il degrado delle caratteristiche generali della matrice in resina. Si consiglia, sempre in questa fase, di utilizzare una buona bilancia di precisione digitale e di mescolare solo le quantità di resina necessaria per il manufatto.

Miscelando modesti quantitativi di resina alla volta, avrete più tempo per l'applicazione della stessa sul tessuto di rinforzo.

Durante la miscelazione dei componenti della resina, si svilupperà del calore, quindi evitare di utilizzare recipienti troppo delicati o sensibili alla temperatura.

Per le resine epossidiche esistono anche dei prodotti chimici detti "acceleratori", che velocizzano il ciclo di indurimento.

Se sarà necessario aumentarne la tixotropia, ovvero se vi fosse la necessità di avere una miscela più pastosa e stabile, si può ricorrere ai così detti addensanti o cariche inerti, vedi capitolo "ADDENSANTI E RIEMPITIVI".

Le resine epossidiche sono inoltre l'unica famiglia adatta per laminare tutti i tipi di tessuto di rinforzo(carbonio, vetro, aramidica).

Personalmente ritengo che per le auto costruzioni, il tipo a matrice epossidica sia la migliore opzione. Nonostante il costo superiore ad altre matrici, è quella che garantisce risultati migliori dal punto di vista meccanico e delle durabilità, inoltre è poco nociva per la salute.

Resina Epossidica Biologica

Sono da poco usciti sul mercato una gamma di resine epossidiche, classificabili a basso impatto ambientale.

I loro produttori, promettono il mantenimento delle stesse caratteristiche di quelle derivate dagli idrocarburi.

Si enfatizza il concetto di riduzione dell'impatto ambientale, attraverso l'utilizzo di materiali eco sostenibili, senza comprometterne le prestazioni meccaniche.

Le resine sono fabbricate utilizzando fonti energetiche a basso impatto ambientale. Inoltre, le materie prime per la fabbricazione delle resine, sono prodotti di scarto di altri processi industriali.

Le tecniche chimiche adottate impiegano concetti eco sostenibili, che richiedono meno energia e generano meno emissioni di gas ad effetto serra durante la fase di produzione delle resine,con una riduzione pari al 50%, questo rispetto ai tradizionali prodotti derivati dagli idrocarburi.

Mi auguro che tali prodotti abbiano un futuro quantomeno importante.

Resine Poliestere

Questo tipo di resine, sono costituite da materie plastiche termoindurenti, che solidifica con l'innalzamento della temperatura. Il processo di polimerizzazione è molto semplice, avviene facilmente anche a temperatura ambiente e in intervalli di tempo brevi. Le loro caratteristiche meccaniche sono discrete fino a temperature inferiori a circa 250°C. Vengono utilizzate generalmente, con tessuti di rinforzo in fibra di vetro.

Sono tra le meno costose in commercio e per questo motivo hanno avuto largo impiego in settori dove il carico meccanico è basso e non sono richiesti particolari livelli qualitativi, sono preferite quando il costo di produzione e facilità di lavorazione sono predominati.

Infatti da decenni sono impiegate nel settore nautico, automobilistico e civile.

Le resine poliesteri sono prodotte come sostanze liquide con una viscosità relativamente bassa, il cui aspetto varia a seconda dei tipi e degli additivi che contiene.

L'indurimento avviene con l'aggiunta del catalizzatore a base di perossido di metiletylketone("MEKP"), il quale reagisce con un agente accelerante a base di Cobalto Ottoato, già presente nella resina come additivo. Tra queste sostanze avviene una reazione esotermica, cioè con sviluppo di calore, che fa polimerizzare la resina.

L'indurimento inizia dopo un intervallo di tempo, che può variare indicativamente da 15 a 20 min, tale intervallo è il già definito pot-life e consente l'applicazione del prodotto sul tessuto di rinforzo. La resina inizia a gelificare ed in breve tempo si indurisce. Il dosaggio dei reagenti a base di Cobalto Ottoato e MEKP determina la velocità di reazione, che può essere variata entro certi limiti stabiliti dal produttore.

Le variazioni termiche ambientali provocano rilevanti alterazioni sul processo di catalisi: un aumento di temperatura agevola e accelera la reazione, viceversa la diminuzione e l'umidità la inibiscono.

Con temperatura ambiente prossima a 20° C la resina deve essere catalizzata con il 2 % di MEKP. Rispetto alle resine epossidiche il rapporto di mescola è molto più tollerante, quindi più facile da gestire a livello pratico.

Al variare della temperatura ambiente occorre correggere la dose diminuendo il catalizzatore all'aumentare della temperatura e viceversa. Evitare comunque di utilizzarle con temperature inferiori a 10°C ed in giornate molto umide.

Le resine poliesteri sono prodotte in due famiglie:

Ortoftaliche: Queste hanno caratteristiche meccaniche migliori rispetto alle successive. Sono comunemente utilizzate per manufatti in fibra di vetro.

I manufatti realizzati presentano buone doti di rigidità, resistenza meccanica e alle intemperie. Il loro impiego è abbastanza vasto: scafi, particolari per autoveicoli, cassonetti per rifiuti, personaggi dei carri allegorici, giostre, contenitori silos, etc.

Isoftaliche: Risultano invece più elastiche rispetto alle precedenti, hanno un miglior poter adesivo con le fibre di vetro ed una eccellente resistenza chimica agli idrocarburi ed un basso indice di assorbimento dell'acqua. Sono adatte a strutture soggette meccanicamente con carichi predominanti a flessione ed a manufatti che andranno immersi in acqua o in altri agenti chimici.

Quando si effettuano delle laminazioni con le resine poliesteri, rispetto alle resine epossidiche, ci dobbiamo aspettare un significativo ritiro meccanico del manufatto a fine ciclo di indurimento,.

Questo tipo di resine presentano diversi svantaggi per le auto costruzioni. Infatti il catalizzatore è tossico e pericoloso per la salute e richiede diverse precauzioni per l'utilizzo. Infatti contiene un alta percentuale di stirene, il quale è riconosciuto ufficialmente come cancerogeno. Quindi si raccomanda l'utilizzo di speciali respiratori.

Personalmente non ne raccomando l'utilizzo agli auto costruttori.

Resine Vinilesteri

Le proprietà fisiche di questa famiglia di resine, sono simili a quelle a base epossidica, hanno inoltre un'elevata resistenza alle alte temperature, in generale hanno caratteristiche superiori alle poliesteri. Sono leggermente meno flessibili meccanicamente delle resine epossidiche. Un altro punto di forza di questo tipo di resine, sono le doti di resistenza chimica. Dal punto di vista dei costi, si collocano tra le epossidiche e le poliesteri.

Tali resine presentano, a differenza delle poliesteri, una elevata adesione con fibre aramidiche e di carbonio, non adatte invece a quelle in vetro; inoltre hanno un basso indice di ritenzione delle bolle d'aria.

Dobbiamo tener conto che anche queste resine, subiscono un ritiro meccanico in fase di polimerizzazione, proprio come le poliesteri.

Sono impiegate in vari settori, come quello nautico, sportivo e automobilistico.

Questa famiglia chimica di resine è prodotta con diverse formulazioni.

Le resine vinilesteri sono simili alle poliesteri e vengono utilizzate allo stesso modo. Tuttavia la loro polimerizzazione richiede però maggior attenzione in quanto risultano più sensibili alle variazioni termiche ambientali. Condividono con esse anche lo stesso tipo di catalizzatore(MEKP).

Prima dell'utilizzo, le resine vinilesteri, dovrebbero essere addizionate con una percentuale di Naftenato di Cobalto (CoNap), che funge da promotore.

In caso di lavorazioni a bassa temperatura ambiente va aggiunto anche un altro prodotto chimico accelerante a base di Dimetilanilina(DMA), al fine di migliorarne le caratteristiche meccaniche.

Purtroppo come nel caso delle poliesteri, anche le resine vinilesteri richiedono l'impiego di prodotti chimici tossici,cancerogeni e infiammabili. Quindi adottare sempre tutte le precauzioni in caso di utilizzo. Ad esempio il MEKP se mescolato direttamente con il CoNap o il DMA potrebbe esplodere immediatamente. Quindi anche la sequenza di miscelazione va rispettata attentamente come specificato dai produttori.

Come nei formulati epossidici, anche con questo tipo di resine i migliori risultati meccanici si ottengono dopo un trattamento di post-cura.

Anche questo tipo di resine, data la pericolosità di vari componenti chimici, presentano molti svantaggi per le auto costruzioni come le poliesteri.

Personalmente anche per questa famiglia, non ne raccomando l'utilizzo agli auto costruttori. Ritengo questi prodotti più adatti a produzioni industriali in ambienti controllati e per personale qualificato. Se non si può fare almeno di utilizzarle, si raccomanda il rispetto e l'utilizzo di dotazioni per la sicurezza personale.

Adesivi strutturali

L'arte di incollare insieme parti o strutture, può essere considerata la tra le più antiche. Ancora oggi si utilizzano, in alcuni settori, vecchi formulati adesivi derivati da composti vegetali e animali.

Quando si ha a che fare con prodotti di origine animale e vegetale, si parla di "Collanti" o "Colle".

La classificazione dei collanti può essere sintetizzata in due macro gruppi: origine animale o vegetale (detti Colle), oppure sintetica (detti comunemente Adesivi). I primi sono usati con risultati eccellenti nel corso dei secoli fino a quando la disponibilità di prodotti sintetici migliori non ne ha progressivamente ridotto l'uso.

Nell'ultimo secolo c'è stata una grande svolta in questo campo, infatti la ricerca dei formulati chimici a base sintetica, ha fatto passi da gigante per aumentare il più possibile il potere adesivo e la affidabilità di tali prodotti.

Nascono così gli "Adesivi", i quali hanno origine sintetica.

Anche per questi prodotti, il grande impulso nella ricerca, deriva da applicazioni aeronautiche ed aerospaziali. In particolare dopo la Seconda Guerra Mondiale furono sviluppati adesivi strutturali in grado di sostituire, in molte applicazioni, i rivetti e le saldature sulle parti metalliche. Ottenendo così un notevole risparmio sulle masse e sui costi di produzione.

Successivamente hanno avuto un largo impiego anche nel settore automobilistico.

Possiamo quindi definire come adesivi strutturali, quei prodotti a base sintetica, adatti a sopportare notevoli sforzi meccanici, sostituendo quando possibile i metodi di fissaggio meccanici tradizionali, quali bulloni o viti, rivetti, saldature, etc. Generalmente si può considerare come soglia minima per classificare un adesivo strutturale, quando esso è in grado di sopportare un carico a taglio,uguale o superiore ad un 1 Mpa o circa 100Kg/cmq, su parti metalliche.

Uno dei vantaggi degli adesivi, rispetto agli altri metodi di fissaggio, è quello di avere una migliore e continua distribuzione del carico nella zona di giunzione, ed anche un ottima resistenza alle vibrazioni.

Tra gli svantaggi degli adesivi invece vi è, che il risultato ottenuto dipende molto dal tipo di geometria delle superfici da incollare e da come vengono preparate per tale operazione.

Infatti le superfici dovranno essere prive di sporcizia, umidità o grasso di qualsiasi tipo. Per preparare le superfici, nella maggior parte dei casi, si pratica una leggera abrasione con spugna o carta abrasiva, dopodiché si utilizza acetone o altro solvente, per sgrassare il tutto.

Nel caso dell'incollaggio di parti metalliche, talvolta si utilizza un sistema ibrido di fissaggio, costituito sia da rivetti che da adesivi, quest'ultimi oltre a fornire potere adesivo alla giunzione, fungono anche da sigillanti, proteggendo la zona da umidità e quindi da fenomeni corrosivi.

Dal punto di vista chimico le basi sintetiche più conosciute e reperibili in commercio sono le seguenti: epossidiche, acriliche, poliuretaniche e siliconiche.

Nel caso dei materiali compositi è buona norma preparare le superfici da incollare con tessuto pee-ply in fase di laminazione. Ottenendo così superfici ruvide e pulite, adatte a incollaggi strutturali di qualità.

Le tipologie di adesivo strutturale più impiegate in questo settore sono del tipo epossidico e acrilico, entrambe sono dei formulati bicomponente.

Le suddette tipologie, consentono vari metodi di applicazione sulle superfici: a pennello, a spatola o mediante dosatrici/miscelatrici a siringa.

Sono disponibili molti produttori e la scelta dell'adesivo andrà eseguita in base alle proprie esigenze e specifiche di progetto.

Per quanto riguarda il processo di incollaggio e indurimento, valgono le stesse regole citate per le resine epossidiche.

Anche in questo caso, il post-indurimento è sempre consigliato per ottenere le migliori caratteristiche meccaniche, ed è considerato necessario quando il manufatto opera a temperature superiori a 50°C.

Adesivi a spruzzo

Negli ultimi anni sono stati resi disponibili in commercio degli adesivi spray, specifici per le presenti applicazioni.

Gli adesivi spray, sono adatti ad incollaggio di schiume in polistirene e di altro tipo e di altri materiali comuni.

Quelli più interessanti sono gli adesivi spray realizzati a specifica per essere compatibili con le resine epossidiche utilizzate nei processi di laminazione.

Con quest'ultimi, ad esempio nel processo di infusione, si possono posizionare e bloccare i tessuti in composito all'interno dello stampo, facilitando non poco le operazioni di preparazione alla laminazione. Molto utile in cui si abbiano diversi strati di tessuto da piazzare ed in caso di strutture a sandwich.

Il Gelcoat

Questo prodotto è una vernice ad elevata densità, molto meno viscosa di una comune vernice sintetica.

Può essere a base epossidica o poliestere, in entrambi i casi si tratta di un prodotto bicomponente.

Questa bassa viscosità ne permette l'applicazione anche su superfici verticali senza presentare colature. Può essere applicato sia a pennello che a spruzzo, in quest'ultimo caso va opportunamente diluito.

Come vedremo di seguito può essere colorato con apposite paste coloranti.

Una volta applicato in spessori fino a 1mm circa ed essiccato, si presenta come una crosta superficiale uniforme piuttosto resistente.

Uno dei settori di maggior utilizzo è quello nautico, dove viene impiegato come strato superficiale esterno degli scafi, garantendo una impermeabilità degli strati interni in composito e proteggendo le fibre dai raggi ultravioletti e da tutti gli agenti atmosferici.

Un'altra importante applicazione del gelcoat è la fabbricazione di stampi per i manufatti in materiale composito. Infatti proprio le caratteristiche sopracitate lo rendono ideale per realizzare superfici lisce e durature.

Tabelle comparative matrici in resina

Tabella comparativa caratteristiche principali delle matrici in resina:

Caratteristiche	Resini Epossidiche	Resine Poliesteri	Resine Vinilesteri
Resistenza Meccanica	****	**	***
Stabilità Dimensionale	****	**	**
Resistenza agli Agenti Chimici	***	**	****
Resistenza al Calore	****	*	****
Resistenza all'Umidità ed all'Acqua	****	**	****
Viscosità	****	***	*
Tempi di Lavorabilità	****	*	**
Compatibilità con le Fibre di Rinforzo	****	*	***
Tossicità	*	***	****
Odorabilità	*	****	****
Costo	***	*	**
Legenda:Scarsa=(*), Discreta=(**), Elevata=(***), Molto Elevata=(****)			

NOTA: Per informazioni più dettagliate sulle caratteristiche delle matrici in resina, consultare il Cap. "Caratteristiche Tipiche delle Matrici in Resina" nella sezione APPENDICE.

*Incollaggio chassis in fibra di carbonio(Foto e Fonte
Copyright Koenigsegg)*

MATERIALI PER ANIME

Introduzione

In questa sezione tratteremo le anime strutturali che, come vedremo nei prossimi capitoli, saranno fondamentali per la realizzazione dei laminati a sandwich.

Il loro scopo fondamentale è aumentare lo spessore del laminato, con un incremento trascurabile di peso, aumentando così la rigidità della struttura.

Dal punto di vista ingegneristico, si può affermare che la rigidità a flessione di un pannello, in questo caso di un laminato, è proporzionale al cubo del suo spessore.

Polistirene espanso ed estruso

Si tratta di prodotti di facile reperibilità, in quanto largamente utilizzati nel settore edile come isolanti termici ed anche per realizzare imballaggi.

Sono disponibili in varie densità e dimensioni, a costi piuttosto bassi, la densità più utilizzata per i laminati a sandwich è quella di $40 Kg/m^3$.

Il tipo espanso ha una densità più bassa ed è meno costoso, lo possiamo identificare facilmente in quanto è solitamente di colore bianco e si presenta come una struttura realizzata con tante palline accoppiate tra loro.

 Mentre quello estruso si presenta come una struttura a cella chiusa e quindi più compatto, è più costoso ma molto più adatto a realizzare laminati a sandwich strutturali. Solitamente si trova in commercio di colore blu, arancio e giallo chiaro.

Il vantaggio di tali prodotti, oltre a quelli già citati, è che possono essere facilmente tagliati e levigati manualmente ed anche mediante la tecnica del taglio con filo a caldo, senza produrre gas tossici, si raccomanda comunque di proteggere l'apparato respiratorio in caso di tali lavorazioni.

Possono anche essere lavorati con macchine a controllo numerico tramite fresatura.

Inoltre risultano compatibili con la resina epossidica e tutti i tessuti di rinforzo.

Tra gli svantaggi invece vi è la incompatibilità con le resine a base poliestere e vinilesteri e con gli idrocarburi, infatti ad esempio benzina, diluente nitro e acetone risultano estremamente corrosivi nei confronti del polistirene.

Il polistirene estruso, in fase di laminazione, presenta un basso assorbimento di resina. Mentre quello espanso tende ad assorbire molta più resina, per evitare ciò è consigliabile effettuare un pre-trattamento della superficie con un impasto di resina epossidica e microsfere, al fine di impermeabilizzare tali superfici.

Se utilizzerete tali prodotti per applicazioni strutturali è consigliabile effettuare un processo di essiccamento dei pannelli per rimuovere eventuale umidità assorbita dagli stessi.

Questi prodotti sono largamente utilizzati per laminati a sandwich ed anche per la realizzazione di stampi per manufatti.

Poliuretano espanso

Anche questo prodotto è facilmente reperibile e largamente utilizzato come isolante termico in edilizia.

 Risulta leggermente più economico del polistirene estruso e può essere utilizzato anche con resine a base poliestere. Non presenta problemi di corrosione nei confronti della benzina.

Presenta ottime caratteristiche di isolamento acustico.

Tuttavia risulta più pericoloso e sconveniente da utilizzare per diversi motivi. Infatti è altamente infiammabile e produce gas molto tossici. Non può essere quindi tagliato con la tecnica del filo a caldo. Può essere tagliato e levigato con attrezzature manuali, ma la polvere che genera è estremamente dannosa per la salute. Si raccomanda di proteggere l'apparato respiratorio in caso di tali lavorazioni.

Molto adatto a lavorazioni con macchine a controllo numerico tramite operazioni di fresatura.

PVC espanso

 Questo materiale di qualità più elevata rispetto ai precedenti, ha buone caratteristiche meccaniche e resistenza ai solventi. Risulta compatibile con la maggior parte dei tessuti di rinforzo e matrici in resina. Inoltre è in grado di resistere a temperature fino a 120-150°C, caratteristica utile in caso si utilizzi il prepreg. Può anche essere termoformato sottovuoto con temperatura minima intorno ai 95°C.

Adatto quindi ad applicazioni strutturali e disponibile in lastre e blocchi di varie densità. Esteticamente risulta più poroso del polistirene estruso, ma presenta comunque un basso assorbimento di resina. Anche tale prodotto, è adatto a lavorazioni con macchine a controllo numerico tramite operazioni di fresatura.

Ha inoltre una buona resistenza all'assorbimento dell'acqua.

PET espanso

Pure questo prodotto può essere considerato di qualità più elevata rispetto al polistirene estruso.

La struttura di queste anime, permette di ottenere un basso assorbimento di resina, spesso inferiore al PVC.

Questo prodotto è anche riciclabile al 100%, quindi più ecologico da impiegare.

Risulta compatibile con la maggior parte delle matrici in resina, non è infiammabile ed è auto-estinguente.

Come il PVC consente operazioni di termo-formatura con temperatura minima intorno ai 95°C ed è in grado si sopportare temperature fino a 150°C.

Il PET risulta piuttosto semplice da tagliare e lavorare, va comunque maneggiato con cura come tutte le schiume in quanto piuttosto morbido.

Le lastre in cui viene fornito sono meno omogenee, dal punto di vista dimensionale, rispetto al PVC.

Dal punto di vista strutturale presente ottime caratteristiche, infatti ha un ottima resistenza a fatica. Adatto quindi alla realizzazione di parti strutturali.

Alveolari

Con questo termine ci si riferisce alle anime a nido d'ape per le strutture a sandwich. Il termine più comune, con cui vengono chiamate dai produttori è Honeycomb.

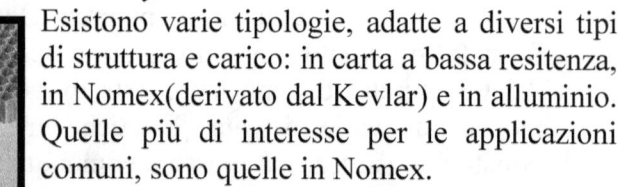

Esistono varie tipologie, adatte a diversi tipi di struttura e carico: in carta a bassa resitenza, in Nomex(derivato dal Kevlar) e in alluminio. Quelle più di interesse per le applicazioni comuni, sono quelle in Nomex.

Viene prodotto dalla carta Nomex, ovvero un tipo di carta ottenuta dal Kevlar. anzichè che da fibre in cellulosa. Tale carta viene immersa in una resina fenolica per produrre un'anima strutturale con forte resistenza meccanica e altamente ignifuga.

Largamente utilizzata nel settore aeronautico e aerospaziale per realizzare particolari strutturali ad alte prestazioni.

Ciò e dovuto alle sue ottime proprietà meccaniche, alla sua bassa densità e la buona stabilità a lungo termine.

Risulta facile da tagliare e formare ed è abbastanza drappeggiabile.

Purtroppo il rovescio della medaglia è l'elevato costo ed il metodo di lavorazione e applicazione, infatti è molto più complesso e costoso rispetto agli altri casi. Poco conveniente quindi per le auto-costruzioni.

Può essere impiegato in un laminato a sandwich seguendo uno dei metodi di seguito decritti:

a) Partendo da due laminati prefabbricati, incollando tra le facce di essi l'anima in Honeycomb mediante l'utilizzo di resina o adesivo a base epossidica. Le facce dei laminati dovranno essere state pre-trattate con tessuto peel ply al fine di ottenere una buona adesione.

b) Utilizzando prepreg ed inserendo quindi l'anima tra le facce interne della struttura a sandwich. L'incollaggio avverrà tramite la resina epossidica contenuta nel prepreg, durante il ciclo di curing alla temperatura prevista.

Se si prevede l'utilizzo di questo tipo di anima, si deve tener conto che non è adatto a processi e lavorazioni in cui la matrice in resina potrebbe tendere a riempire la struttura interna a nido d'ape, vanificando del tutto la scelta di questa soluzione.

Legno di Balsa

Questo tipo legno molto leggero, merita di essere descritto e considerato, in quanto per anni è stata l'anima in legno più usata.

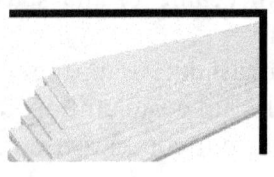 Negli anni 40' fu utilizzato negli scafi degli idrovolanti che avevano il rivestimento esterno in alluminio e l'anima in balsa, questo permetteva di resistere meglio ai ripetuti urti dell'ammaraggio.

Tra i vantaggi di questo legno vi sono l'alta resistenza a compressione e un buon isolamento termico ed acustico. Inoltre non si deforma quando viene surriscaldato.

Essendo un legno, può essere lavorato sia con attrezzature manuali che con macchinari a controllo numerico.

Può essere reperito in lastre di vari spessori, la sua densità media piuttosto alta(intorno ai 100Kg/m³) ne limita l'utilizzo. Inoltre il costo non è basso come quello del polistirene.

Un'altro svantaggio è l'assorbimento elevato di resina in fase di laminazione. Anche in questo caso si può ovviare al problema rivestendo la superficie con una miscela di resina e microsfere, prima della fase di laminazione vera e propria.

Possiamo quindi considerarlo adatto a manufatti in cui non è prioritario il risparmio di peso, ma la sopportazione di grandi sollecitazioni.

ADDENSANTI E RIEMPITIVI

Discuteremo dei principali tipi di addensanti e riempitivi, che possiamo definire come dei composti e paste, realizzate miscelando opportunamente polveri e resine, adatte a stuccare superfici, riempire dei vuoti, ed in alcuni casi anche come adesivi per la giunzione di parti.

 Se utilizzerete tali prodotti per le vostre applicazioni, proteggetevi sempre con maschera di respirazione, guanti e occhiali protettivi, infatti le microsfere e microfibre in particolare, sono molto volatili e irritanti per l'apparato respiratorio, per la pelle e gli occhi.

Le Microsfere

Con questo termine si identifica una polvere composta da microsfere di vetro soffiato e di aspetto bianco uniforme.

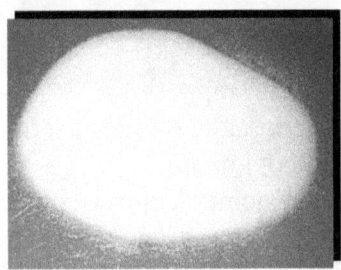 Tale prodotto, opportunamente miscelato con una certa quantità di resina epossidica, forma un composto pastoso che viene utilizzato un vari modi nel settore compositi.

Principalmente si utilizza per stuccare superficialmente i manufatti, riparare eventuali superfici danneggiate ed anche per unire insieme in modo permanente le anime di polistirene o altre schiume, in particolare nelle strutture a sandwich.

Il tipo di impasto che si ottiene, è molto leggero come massa, si carteggia e leviga facilmente, ad essiccazione della resina avvenuta. Risulta quindi più leggero e levigabile dello stucco poliestere, utilizzato nel settore automobilistico.

Non va mai utilizzato come adesivo strutturale, in quanto non presenta caratteristiche meccaniche adatte a questo scopo.

Per la preparazione del composto, miscelare la resina epossidica come previsto e aggiungere una quantità in volume desiderata di microsfere.

Di seguito è riportata una classificazione di vari composti, differenziati per rapporto di mescola microsfere/resina in volume, citando la nomenclatura utilizzata in lingua inglese:

Slurry o Thin Micro: Mescola costituita da un rapporto 1:1 in volume, di microsfere e resina epossidica. Il composto ottenuto ha una viscosità simile a quella della resina epossidica, può essere applicato con un pennello ed anche steso su una superficie tramite una spatola.

In strati sottili, può essere steso su superfici verticali senza colare.

Può essere utilizzata per impermeabilizzare il polistirene o altre schiume strutturali, prima di rivestirle con i tessuti di rinforzo. Questa procedura consente di ridurre il quantitativo di resina assorbito dalla schiuma strutturale, di conseguenza si ottiene un manufatto più leggero.

Wet Micro: Mescola costituita da un rapporto da 2:1 a 4:1 in volume, di microsfere e resina epossidica. Questo composto ha una consistenza simile a quella del miele.

Viene utilizzato per incollare insieme lastre e blocchi di polistirene e schiume strutturali.

Dry Micro: Mescola costituita da un rapporto 5:1 in volume, di microsfere e resina epossidica. Il composto ottenuto ha la consistenza della meringa da pasticceria e non fluisce.

Applicato con una spatola può essere utilizzato come stucco leggero per varie applicazioni, compresa la finitura superficiale di manufatti in composito.

La preparazione delle proporzioni di tali composti non è critica, in generale potete procedere aggiungendo le microsfere alla resina epossidica già mescolata, finchè non si ottiene la consistenza desiderata.

Fibre di cotone

Tra gli additivi strutturali, le fibre di cotone meritano una discreta considerazione.

Infatti, se mescolate con la resina epossidica, formano un composto piuttosto denso(chiamato Flox), il quale una volta applicato nella zona in cui è necessario un rinforzo strutturale e lasciato solidificare, assume una resistenza meccanica eccellente. Ciò è dovuto all'orientamento casuale delle fibre vegetali.

Lo svantaggio è che assorbe molta resina, quindi il composto risulta piuttosto pesante e se mal impiegato può vanificare il requisito di leggerezza di un manufatto in composito.

Inoltre quando solidifica risulta piuttosto difficile da levigare.

Il rapporto di mescola tipico in volume è di 2 parti di fibre di cotone e 1 di resina epossidica.

Vengono spesso impiegate per rinforzare le zone a spigolo vivo dei manufatti.

Microfibre di Vetro

Trattasi di una polvere costituita da fibre di vetro tagliate in segmenti molto corti.

Rappresentano una valida alternativa alle fibre di cotone. Miscelandole con resina epossidica, si ottiene un composto dalle caratteristiche strutturali superiori, ma anche piuttosto duro e difficile da levigare.

Il composto ottenuto ha una buona resistenza a compressione.

Le microfibre sono molto irritanti per la pelle, infatti tendono a penetrare sottopelle. Si raccomanda l'utilizzo di protezioni per mani, occhi e apparato respiratorio durante le lavorazioni.

Paste coloranti

Sono dei composti utilizzati per colorare uniformemente le resine epossidiche, poliestere, viniliche ed il Gelcoat.

Sono disponibili in vari colori e di solito vengono mescolate alla resina da colorare in percentuale del 2-5%.

La colorazione della resina permette, in certe applicazioni, di non dover verniciare successivamente il manufatto, con un buon risparmio di peso e di tempi e costi di lavorazione.

Gli Stucchi

Spesso per i materiali compositi, vengono impiegati quelli del settore automobilistico e quindi da carrozzeria.

Sono facilmente reperibili ed economici, con formulazione chimica a base poliestere.

Hanno il vantaggio di catalizzare rapidamente, generalmente in pochi minuti e sono relativamente facili da levigare.

Tuttavia sono piuttosto pesanti e non sempre compatibili con laminati a base epossidica.

Personalmente ritengo che siano più adatti a piccole riparazioni che non ad una stuccatura estesa su una superficie appena laminata.

Nella letteratura statunitense vengono chiamati "Bondo®", dal nome di uno dei suoi principali produttori, tuttavia in Europa sono commercializzati da diversi marchi piuttosto noti sotto forma di altri nomi.

Per utilizzarlo, si mescola la resina con l'indurente su una superficie piana e lo si applica con una spatola nella zona interessata.

In alcuni casi sono utilizzati anche, come adesivi temporanei nelle lavorazioni di stampaggio, al posto di nastro adesivo per fissare particolari e attrezzature in modo temporaneo.

PRODOTTI E TESSUTI DISTACCANTI

Introduzione

Solitamente, nei processi di laminazione, è sempre necessario proteggere particolari e stampi, dall'adesione con le matrici in resina impiegate.

Esistono diversi materiali plastici che non aderiscono in modo permanente con le resine che utilizziamo.

Ma nella maggior parte dei casi, è più utile e pratico, rivestire le parti da proteggere in modo temporaneo, con delle particolari sostanze dette distaccanti.

A seconda delle esigenze, è possibile applicarle con il pennello, a spruzzo o con delle spugnette.

Alcool polivinilico(PVA)

E' un composto incolore, solubile in acqua, formato da resina termoplastica, derivata chimicamente tramite idrolisi dell'acetato di polivinile. Il prodotto risulta sicuro per la salute e biodegradabile.

Reperibile in commercio come soluzione liquida, talvolta colorata, viene fornito confezionato in flaconi.

Può essere diluito in acqua e alcool etilico e applicato su tutti i materiali.

Per quanto riguarda l'applicazione sullo stampo o parte da proteggere, utilizzare un pennello, oppure a spruzzo con aerografo ad ugello grande.

Una volta applicato si deve attendere un tempo indicativo di circa 20-30 minuti a temperatura ambiente per far si che si asciughi. Si presenterà come una pellicola a finitura lucida.

Quando il manufatto realizzato verrà tolto dallo stampo, la pellicola distaccante precedentemente applicata, rimarrà in parte depositata su di esso. Per rimuoverla basta effettuare un lavaggio con acqua, magari aiutandosi con una spugna.

Può essere applicato su qualsiasi materiale.

Come la maggior parte dei prodotti chimici va mantenuto in

ambiente controllato, lontano da fonti dirette di calore.

Cera distaccante

Questo tipo di prodotti sono disponibili in commercio in forma liquida o in pasta.

Quando applicati, lasciano una pellicola di cera sulla superficie trattata, garantendo un distacco sicuro anche da superfici non perfettamente lisce e levigate. Adatti a stampi di dimensioni medie e piccole, dalle forme particolarmente complesse.

Anche in questo caso l'applicazione può essere fatta a pennello, a tampone o a spruzzo.

Una volta applicati appariranno come una patina cerosa liscia.

Di solito sono necessarie più applicazioni del prodotto per avere un risultato di livello. Risulta molto rapida nell'essiccazione, infatti richiede solo circa 5 minuti(riferito al prodotto liquido).

La versione in pasta va applicata con apposita spugnetta e richiede un tempo di essiccazione superiore, intorno ai 30 minuti.

Le cere possono essere rimosse dallo stampo e parte con acetone.

Tale prodotti, a causa della loro formulazione chimica, non risultano adatti all'applicazione diretta su stampi in polistirene o altri materiali non compatibili con i solventi.

Prodotti Alternativi

Vi sono anche prodotti utilizzati per altri scopi, come la cera d'api, impiegata per la lucidatura dei mobili in legno, che può essere utilizzata come distaccante.

La cera d'api non garantisce la qualità e omogeneità dei prodotti precedenti, ma è facilmente reperibile, poco costosa e non dannosa per la salute.

Questo prodotto essendo abbastanza denso, va applicato sulle parti da proteggere con una spugnetta morbida e successivamente, se ritenuto necessario, ripassata con un panno di cotone morbido. Verificare bene che non siano rimasti grumi superficiali prima di effettuare il processo di laminazione.

Dopo la laminazione, rimuovere la cera dal manufatto con un panno in cotone morbido, imbevuto di alcool etilico.

Film Distaccanti

Appartengono a questa categoria le pellicole plastiche dotate di micro-forature e non, che consentono il distacco dalla matrice in resina durante i processi di laminazione.

Vengono utilizzati come distaccanti tra gli strati di tessuto di rinforzo, il peel-ply, l'aeratore e gli stampi.

L'impiego principale è relativo alla laminazione sottovuoto ed infusione.

Per una descrizione più dettagliata si rimanda al capitolo "Laminazione con sacco a vuoto(Vacuum bag processing)".

Peel ply

Anche se tale prodotto dovrebbe essere collocato in un'altro capitolo, verrà discusso qui per motivi pratici.

Si tratta di un tessuto sintetico in nylon, che ha la caratteristica di non incollarsi alla resina epossidica. Tale proprietà, permette di utilizzarlo nelle fasi di laminazione come tessuto traspirante per eliminare la resina in eccesso. Di solito viene posizionato nelle facce interne del laminato e rimosso ad essiccazione avvenuta, strappandolo via dalla superficie. Il suo utilizzo ha anche il vantaggio di lasciare una superficie ruvida perfettamente adatta ad incollaggi e successive stratificazioni.

Se impiegherete il peel-ply nelle vostre laminazioni, consiglio di rimuoverlo solo quando necessario, ovvero a fine di tutte le lavorazioni, sfruttando così la protezione da polvere o contaminanti per il laminato che ci offre gratuitamente.

Vedremo nei dei dettagli il suo impiego nel capitolo "PROCESSI E METODI DI LAVORAZIONE".

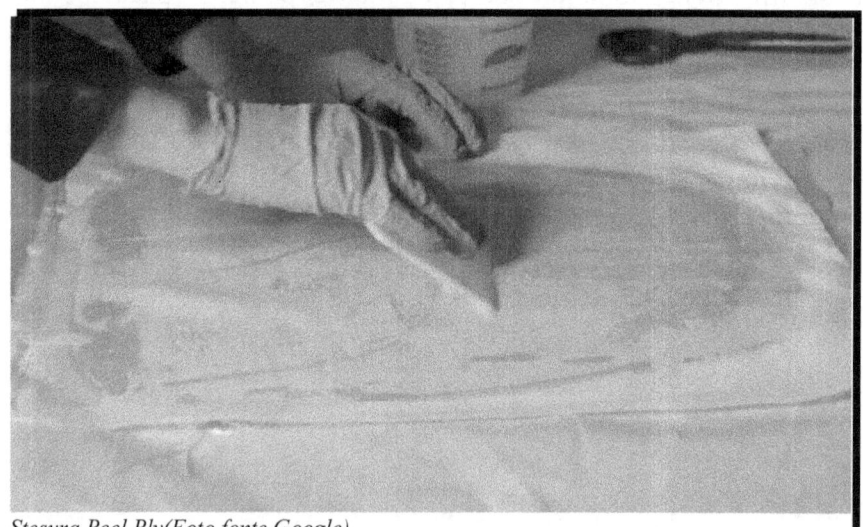

Stesura Peel Ply(Foto fonte Google)

LAMINATI E STRUTTURE

Definizione

Nei capitoli precedenti abbiamo definito i prodotti ed i materiali necessari per la realizzazione di manufatti in composito, quali i tessuti di rinforzo, le matrici in resina, i materiali di anima ed i vari ausiliari di processo.

Tali prodotti possono essere considerati come gli "ingredienti" per la realizzazione dei laminati.

Per laminato in composito, si intende un manufatto, realizzato con uno o più strati di tessuto di rinforzo, sulla quale è applicata una matrice in resina e nel caso sia previsto, anche da un materiale di anima. A seguito di tale operazione vi sarà la fase di indurimento della matrice in resina(curing).

Spesso il tessuto di rinforzo è anche chiamato pelle o stuoia.

Ad essiccazione della matrice in resina avvenuta, il laminato sarà considerato utilizzabile per le successive ed eventuali fasi di lavorazione.

Foto fonte Scaled Composites

Le tipologie

Laminato o Stratificato Semplice

Come dice il suo stesso nome, è la tipologia di laminato più semplice e utilizzata in tutte le applicazioni.

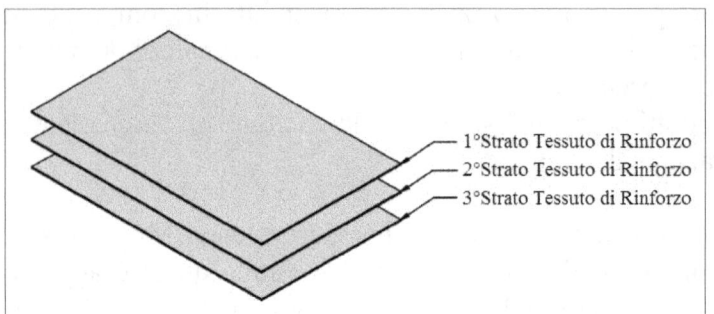

Questo può essere realizzato con uno o più strati di tessuto di rinforzo

sovrapposti, ed impregnati con una matrice in resina.

Un semplice esempio di stratificato semplice è il circuito stampato(PCB) come mostrato nel capitolo "LE NOZIONI DI BASE".

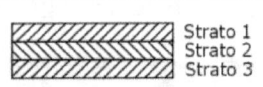

I tessuti di rinforzo impiegati in un singolo laminato possono essere anche di tipo misto(vetro,carbonio e aramidico), analizzeremo nel dettaglio tale aspetto in uno dei paragrafi successivi("Rules of Mixtures").

Questo tipo di laminato è realizzabile con la maggior parte dei metodi e processi di fabbricazione più conosciuti.

Consente anche di realizzare parti molto complesse e quindi di adattarsi a superfici con raggi di curvatura molto stretti.

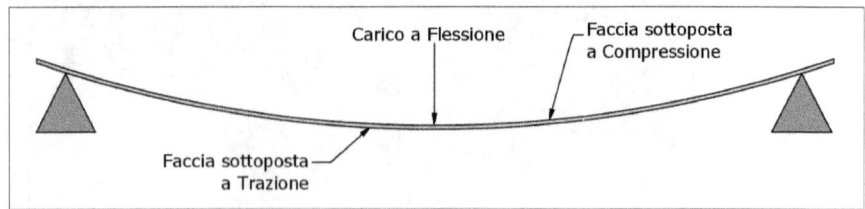

Dal punto di vista meccanico e strutturale, quando viene sottoposto a flessione, la faccia esterna è sollecitata a trazione e quella interna a compressione, al centro invece la sollecitazione è nulla. Quindi il materiale prossimo all'asse neutro non viene sfruttato a dovere, in quanto non è sollecitato. Tale aspetto negativo viene risolto adottando il laminato a sandwich come descritto nel prossimo paragrafo.

Laminato sandwich

In meccanica, per laminato, pannello o struttura a sandwich, si intende un elemento costituito da due strati resistenti, detti pelli o facce, distanziati tra loro e collegati rigidamente ad un elemento connettivo che prende il nome di anima("core" in inglese).

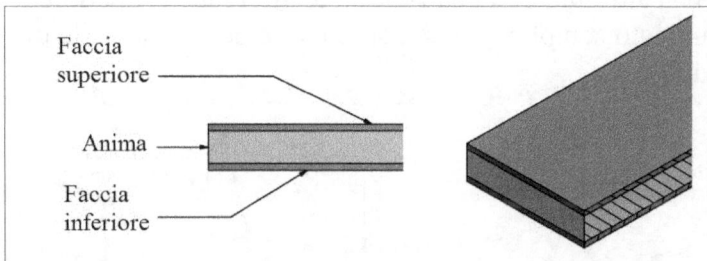

Tale struttura così composta ha un comportamento statico notevolmente migliore delle singole parti da cui è costituita.

Un esempio comune di pannello a sandwich è il cartone, in particolare quello in cui le facce esterni piani sono separati da uno strato di cartone ondulato(nucleo).

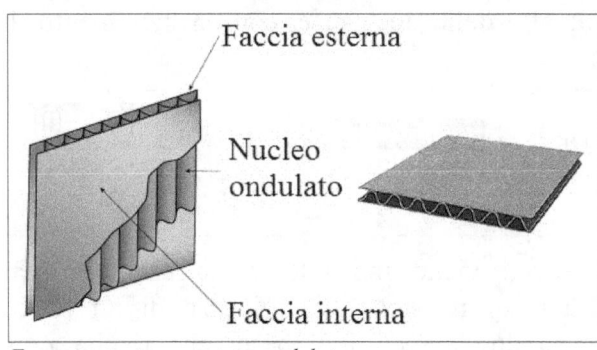

Esempio struttura cartone ondulato

L'anima è in genere un materiale leggero e poco resistente, che permette di distanziare le facce, composte da materiali più robusti e di spessore ridotto. Esse sono le preposte alla distribuzione dei carichi nel piano, la funzione dell'anima è invece quella di aumentare il valore della rigidezza a flessione del laminato, il quale dipende dalla distanza delle facce rispetto piano medio dello stesso.

In sostanza, sottoponendo questa struttura a flessione, una delle facce viene sollecitata a trazione e l'altra a compressione.

Dal momento che le facce sono costituite da materiali con elevata rigidezza, quali un laminato in composito, oppongono una elevata resistenza a tali sollecitazioni, comportandosi come materiali inestensibili e incomprimibili. Nella deformazione della struttura, le facce sono costrette ad avvicinarsi, riducendo quindi lo spazio che le separa, in quanto tendono a descrivere lo stesso arco.

Se le facce sono distanziate da un materiale non comprimibile, si ottiene una struttura con una rigidità di gran lunga superiore a quella di un laminato semplice, di spessore pari alla somma delle due facce del sandwich.

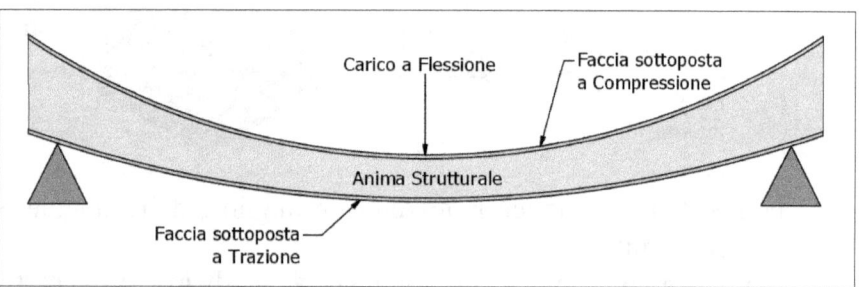

Distanziando le facce si ottiene quindi un incremento notevole della rigidezza rispetto a un pannello costituito soltanto da uno spessore di materiale pari a quello delle due facce, con un incremento di peso ridotto.

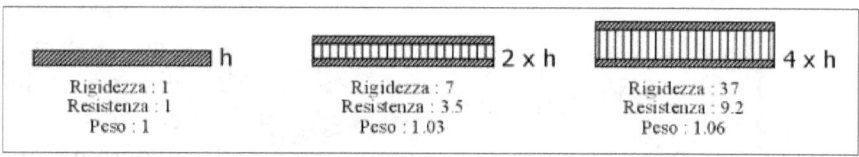

Nella figura di sopra viene mostrato come esempio generico, l'aumento dei fattori di resistenza e rigidezza di un laminato a sandwich, evidenziando l'aumento di peso, che risulta pressoché nullo. Tali coefficienti sono riferiti a facce esterne realizzate in fibra di vetro e anima strutturale in polistirene.

Non a caso, l'industria aerospaziale, dove il requisito di leggerezza è fondamentale, ha fatto largo l'impiego dei pannelli sandwich, realizzati sia con materiali compositi, che con i metalli quali l'alluminio.

Nel settore che stiamo trattando, il laminato a sandwich, viene fabbricato con un anima o nucleo strutturale, rivestito sulle pareti esterne con tessuto in fibra e matrice di resina. Quindi, come detto di sopra, l'utilizzo di questo tipo di laminato, consente, a parità di sezione, di aumentarne la robustezza meccanica, risparmiando peso e costo rispetto al laminato semplice a singola faccia.

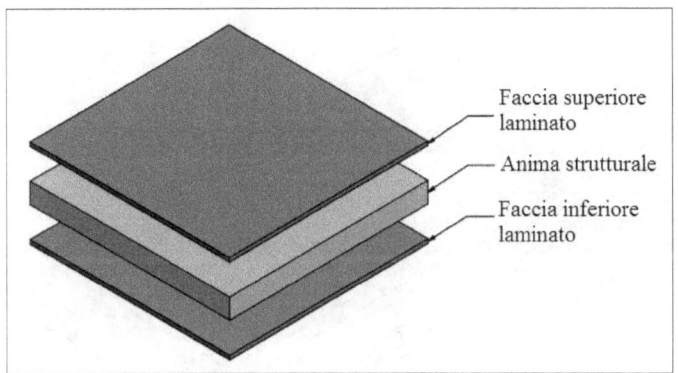

Faccia superiore laminato

Anima strutturale

Faccia inferiore laminato

Le facce esterne sono realizzate con laminati in fibra di vetro, carbonio e aramidica, le quali garantiscono un elevata resistenza meccanica.

Riassumendo possiamo affermare che il laminato a sandwich rappresenta il nostro "Uovo di Colombo", perché permette di realizzare strutture più leggere e rigide rispetto al laminato semplice.

Tuttavia dobbiamo tenere conto che aumenta la complessità di progettazione e realizzazione del manufatto in composito. Infatti nel caso di superfici con complesse curvature, non sempre è facile inserire anime strutturali capaci di seguire i raggi di curvatura richiesti.

In alcuni casi di deve inoltre procedere laminando una faccia alla volta, con un aumento dei tempi e costi di produzione.

Nella maggior parte delle applicazioni reali, un manufatto non è propriamente classificabile come laminato semplice o sandwich, in quanto spesso lo è entrambi allo stesso tempo, in sostanza si ha a che fare quasi sempre con un laminato ibrido. In questo settore, come accennato in altri capitoli, vale la regola di rinforzare il laminato solo dove è necessario, mantenendo sempre le masse e dimensioni contenute.

Nelle strutture metalliche in lamiera, ad esempio per irrigidire un pannello, si procede aggiungendo delle nervature.

La sezione geometrica utilizzata comunemente per questa applicazione è detta a "cappello".

In un manufatto in composito si applica un concetto simile con metodi analoghi a quello mostrato nella figura sottostante:

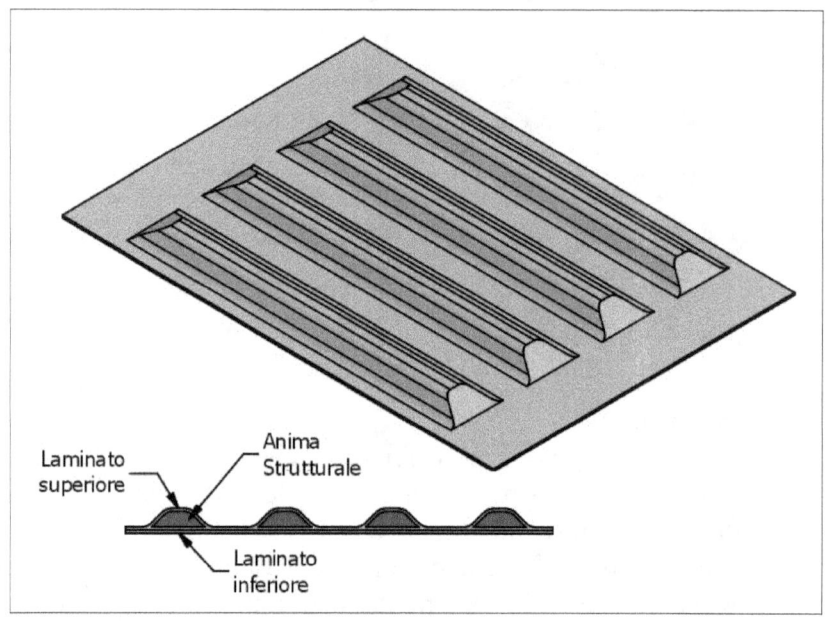

La fase di laminazione può essere eseguita in una sola fase, oppure prima realizzando il laminato inferiore, aggiungendo e laminandovi poi le anime strutturali ed il laminato superiore.

Dal punto di vista delle prestazioni meccaniche, i migliori risultati si ottengono con la tecnica di laminazione sottovuoto, tuttavia si hanno buoni risultati anche con la laminazione manuale.

Per approfondire gli aspetti relativi alle anime strutturali fare riferimento al capitolo "MATERIALI PER ANIME".

Rules of Mixtures

Il titolo di questo paragrafo è stato mantenuto volutamente in lingua inglese, perchè non esiste un termine analogo in lingua italiana.

Nella scienza dei materiali compositi, con il termine "Rules of Mixtures", ci si riferisce in generale, alle regole da applicare nella scelta dei tessuti di rinforzo per la realizzazione di un laminato, ponderando l'utilizzo misto di tessuti bidirezionali e unidirezionali e l'orientamento delle fibre degli stessi, il tutto in base ai moduli di elasticità.

Esistono infatti vari metodi di scelta e di calcolo per questo concetto, con lo scopo di ottimizzare l'orientamento delle fibre, rispetto al carico previsto ed il numero di stati da applicare.

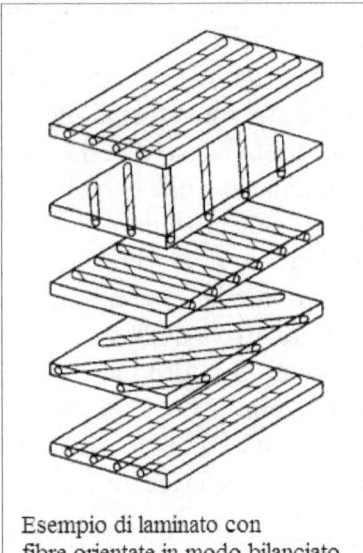

Ci limiteremo a dire che è buona regola, quando si utilizzano tipi di tessuto differenti nello stesso laminato e con differenti orientamenti delle fibre, creare un laminato simmetrico rispetto alla propria mezzeria per minimizzare le deformazioni.

Effettuare calcoli e valutazioni accurate in merito, richiede procedure abbastanza complesse e l'utilizzo di applicativi software dedicati.

Non approfondiremo così tale argomento.

Esempio di laminato con fibre orientate in modo bilanciato

La formazione delle criccature sul laminato

La resistenza di un laminato si misura in termini di resistenza al carico prima della rottura. Il limite di resistenza è il punto in cui sia la matrice in resina, che la fibra di rinforzo, si rompono.

Già prima di tale limite, il laminato raggiunge un livello di sollecitazione in cui la resina inizia a criccare, iniziando da zone in cui le fibre di rinforzo non sono allineate lungo l'asse di carico, tali criccature si estendono poi lungo la matrice della resina. Questa è chiamata criccatura trasversale e, anche se finora il laminato non si è rotto, il processo di rottura sta per iniziare.

Per evitare il superamento di tali limiti funzionali è necessaria una accurata progettazione dei laminati, assicurandosi che non superino tale punto nelle condizioni di carico operativo.

La sollecitazione massima che un laminato può sopportare prima della micro-criccatura dipende fondamentalmente dalle caratteristiche meccaniche e dalle proprietà adesive della matrice in resina. In matrici più fragili, quali quella in poliestere, il limite di micro-criccatura è molto più basso rispetto al punto di rottura del laminato. Alcuni test, dimostrano che la micro-criccatura in un laminato in poliestere e tessuto di vetro, avviene con allungamento dello 0.2%, mentre il carico di rottura arriva al 2%.

Ciò corrisponde ad un margine di resistenza intorno al 10% rispetto al carico di rottura. Quindi piuttosto ridotto.

Poiché il limite di resistenza di un laminato sotto carico è condizionato dalla resistenza delle fibre, le criccature della resina non alterano le caratteristiche del laminato nell'immediato.

Resta il fatto che in ambiente ad elevato tasso di umidità, quale immersione in acqua o aria umida, il laminato con delle criccature assorbe molta più acqua rispetto ad un laminato che ne è privo.

Ciò comporta un aumento di peso, un aumento dell'azione degradante dell'umidità sulla resina, ed una perdita di rigidità, quindi ad un conseguente peggioramento delle caratteristiche meccaniche del laminato.

Una maggiore adesione tra fibra e resina è condizionata dalle proprietà chimiche della resina e dalla sua compatibilità con il trattamento chimico applicato alla fibra.

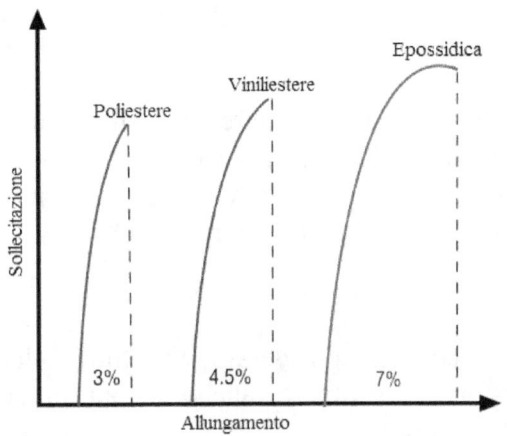

Le proprietà adesive della resina epossidica consentono ai laminati, un'alta resistenza alla criccatura.

Come detto in precedenza la resistenza meccanica della matrice in resina è difficile da misurare e rilevare, può essere comunque stimata tenendo conto dei parametri di resistenza a rottura forniti dai produttori. Di fianco un grafico comparativo relativo alla resistenza a rottura dei principali tipi di matrice in resina.

Resistenza alla fatica dei laminati

I materiali compositi hanno un'eccellente resistenza alla fatica, se comparati con la maggior parte dei metalli.

Poiché la resistenza alla fatica dipende dal graduale accumulo di piccole entità di danni, il comportamento alla fatica di ogni materiale composito è influenzata dalla tenacità della resina, dalla sua resistenza alla criccatura, e dalla quantità di difetti produttivi.

Risulta, che i laminati con resina epossidica abbiano una migliore resistenza alla fatica rispetto a quelli a base poliestere e polivinilestere, per questo sono comunemnete impiegati nell'industria aerospaziale.

Degrado del laminato per immersione in acqua

Nel settore nautico è importante che la matrice in resina abbia la capacità di resistere al degrado dovuto per ingresso dell'acqua.

Tutte le resine assorbono umidità, aumentando così il peso totale del laminato.

Ma è importante verificare quale sarà l'effetto dell'acqua sulla resina e nella giunzione tra matrice in resina e tessuto di rinforzo. Sia il poliestere che il vinilestere sono soggetti a degradazione per ingresso d'acqua a causa della presenza di gruppi esteri idrolizzabili nella struttura delle loro molecole.

Ne risulta che un laminato sottile in poliestere mantiene solamente il 65% della sua resistenza al taglio interlaminare dopo un periodo di immersione in acqua di un anno, mentre i laminati in resina epossidica ne conservano a pari condizioni, circa il 90%.

Fenomeni di Osmosi

Sempre nel settore nautico, va considerato che tutti i laminati traspirano acqua sotto forma di vapore, anche se pur in quantità modesta.

In questo caso vi è una reazione con ogni componente solubile del laminato, formando così minuscole cellule di soluzione concentrata.

Il ciclo osmotico fa si che una maggior quantità di acqua passi attraverso la membrana semi-permeabile con scopo di diluire questa concentrazione. L'aumento di acqua incrementa la pressione interna nella cellula di circa 48 bar. Ne consegue che la pressione può deformare e sfondare il laminato o lo strato di resina.

I componenti solubili di un laminato possono essere detriti e sporco, inseriti accidentalmente durante la produzione, ed anche parti di esteri di un poliestere catalizzato, oppure del vinilestere.

Per minimizzare il rischio di degradazione nel poliestere è necessario l'uso di diversi strati di resina adiacenti allo strato di gel-coat.

Spesso però l'unico trattamento possibile, una volta iniziato il processo di osmosi, è quello di sostituire tutto il materiale danneggiato. Per evitare che l'osmosi abbia luogo è importante usare una resina con un basso tasso di trasmissione d'acqua e un'alta resistenza agli attacchi della stessa.

La catena di un polimero epossidico è la migliore tra le resine considerate nei confronti della resistenza all'acqua. Infatti possiede una eccellente resistenza ad essa ed agli agenti chimici, un basso tasso di trasmissione dell'acqua e ottime proprietà meccaniche.

CONCETTI DI GIUNZIONE E SISTEMI DI FISSAGGIO

Metodi di incollaggio e giunzioni adesive

Nel settore dei materiali compositi si ha spesso a che fare con la giunzione di grandi parti strutturali con l'utilizzo di prodotti adesivi. Proprio questo settore ha il vantaggio di consentire l'impiego di adesivi strutturali in modo sicuro e affidabile nel tempo, anche con tecniche costruttive alla portata di tutti.

Atri settori non permettono l'utilizzo così esteso di tali concetti, se prendiamo come riferimento metalli come l'alluminio, l'incollaggio tramite prodotti adesivi di parti realizzate con tale metallo, richiede dei processi chimici di preparazione delle superfici molto costosi ed anche inquinanti, questo per via delle ossidazioni superficiali che l'alluminio subisce a contatto con l'ambiente circostante.

Quando si laminano più parti per arrivare ad un manufatto completo, si presenta il problema di come accoppiarle e incollarle insieme, con il fine di ottenere un risultato ottimale sia dal punto di vista strutturale, che da quello estetico.

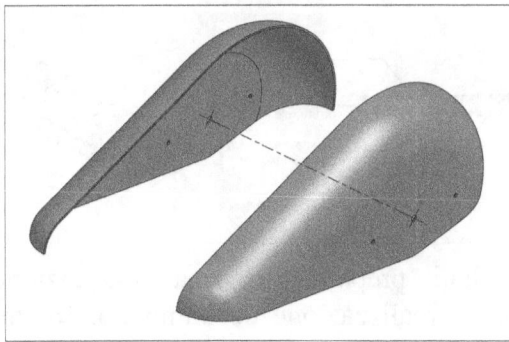

Un tipico esempio può essere considerata la fabbricazione di una fusoliera di un velivolo, lo scafo per un imbarcazione o un semplice parafango. Infatti tali parti, se realizzati in due sezioni simmetriche, laminate in due stampi differenti, ad esempio fiancata destra e sinistra, si presenta il problema di come accoppiarle insieme in modo solidale e continuo.

La zona di accoppiamento delle due parti è chiamata linea di giunzione.

Quando si ha che fare con la giunzione di parti differenti spesso si incappa in problematiche di allineamento e vuoti tra di esse. Quindi si devono adottare tutte le precauzioni per evitare ciò.

Saranno mostrate diverse soluzioni relative ai concetti di incollaggio e giunzione delle parti in composito:

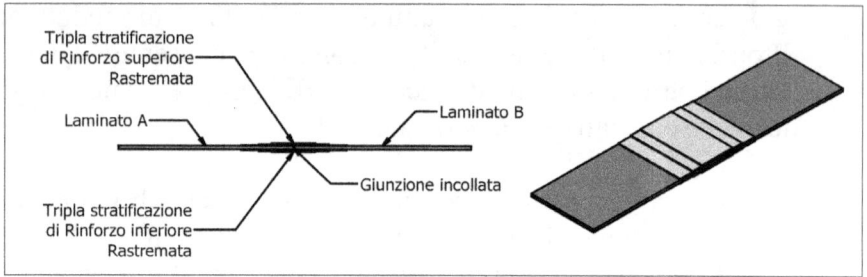

Questi primi due casi rappresentano il modo più semplice e comunemente utilizzato, si solito viene chiamato "giunzione di testa".

In entrambi i casi, laminato semplice e sandwich, le parti sono accoppiate aggiungendo strati di tessuto di rinforzo, laminati sulle fiancate interne ed esterne. Gli strati di rinforzo dovranno essere rastremati per distribuire al meglio il carico.

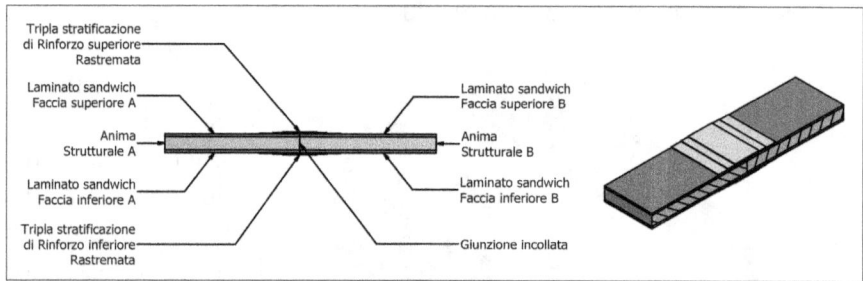

Per ottenere ottimi risultati, preparare la zona di giunzione con tessuto peel-ply in fase di realizzazione del laminato. Inoltre non dovranno essere presenti vuoti tra la giunzioni sulla mezzeria, per ovviare a ciò si può ricorrere eventualmente a stuccature non strutturali(Vedi capitolo "Addensanti e Riempitivi"), questo vale in particolare per i laminati a sandwich.

Gli svantaggi principali di tale soluzione sono il fatto che creano un manufatto in cui la zona di giunzione presenta una gobba evidente, inoltre richiedono in fase di lavorazione l'accesso ad entrambe le facce, talvolta ciò non è possibile o risulta molto difficoltoso da praticare.

Di seguito viene mostrata una soluzione un più elegante rispetto alla precedente:

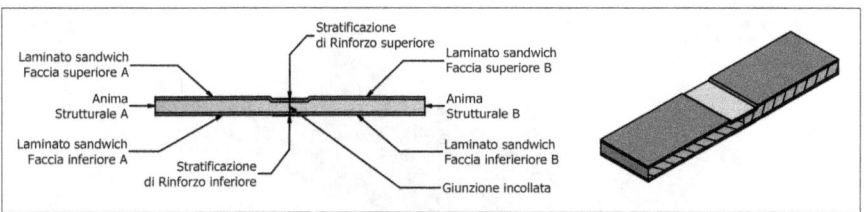

In questo caso viene praticato un recesso sull'anima strutturale del laminato sandwich, lungo la linea di giunzione. Questo consente di avere una faccia della linea di giunzione senza la indesiderata gobba, la faccia dotata di recesso solitamente è quella visibile.

Rimane comunque il problema dell'accesso ad entrambe le facce del laminato in fase di lavorazione, ed un discreto lavoro di stuccatura e finitura della linea di giunzione, per arrivare ad un risultato estetico apprezzabile.

Le soluzioni di seguito risultano le migliori, anche se più difficili da realizzare:

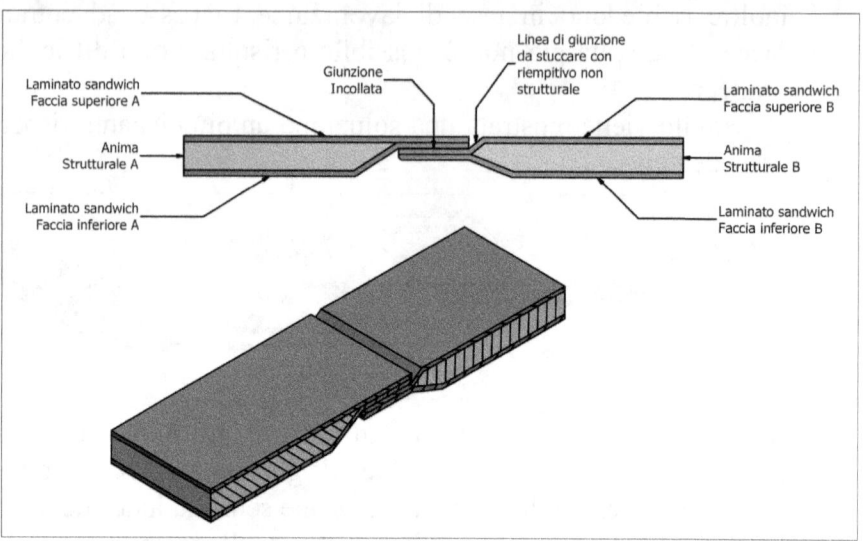

In questi casi, in prossimità delle linee di giunzione, vengono rastremate le facce delle parti da accoppiare. Questa soluzione è praticabile in caso si realizzi manufatti con stampi maschio/femmina e richiede una accurata preparazione degli stessi, inoltre è imperativo un controllo ottimale degli spessori dei laminati.

Le due parti sono incollate insieme con adesivi strutturali, eliminando così le stratificazioni esterne ulteriori, lasciando così la linea di giunzione molto più pulita rispetto alle altre soluzioni proposte, sarà comunque necessaria una stuccatura non strutturale, sempre lungo la linea di giunzione.

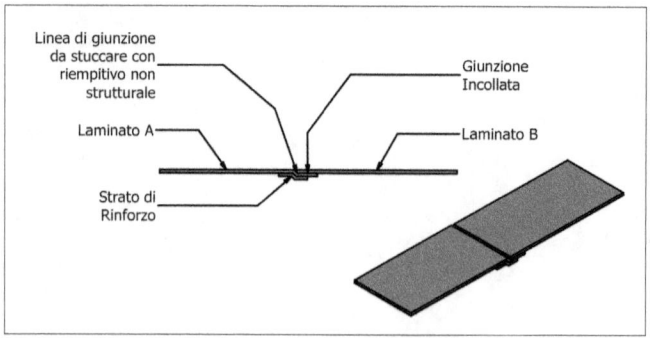

Nel caso del laminato semplice è prevista anche l'aggiunta di uno strato di rinforzo interno. Tale soluzione di incollaggio e giunzione risulta quella che garantisce in termini di robustezza strutturale, le migliori caratteristiche.

Oltre alla maggior difficoltà in fase di laminazione, tale soluzione presenta anche il problema di come mantenere unite le parti, durante la fase di incollaggio.

Il metodo spesso adottato consiste nel rivettare insieme in modo temporaneo le parti, applicando rivetti in alluminio realizzati ad hoc, chiamati "pop rivets". Una volta completata la fase di indurimento dell'adesivo strutturale, tali rivetti possono essere facilmente rimossi forandoli con un trapano. Dopodiché si dovrà provvedere alla stuccatura di tutti i fori rimasti. Su parti di medie e grandi dimensioni ciò non comporta degradi strutturali apprezzabili.

Al posto dei rivetti è sempre possibile utilizzare bulloni, dadi e rondelle, ciò sempre in modo temporaneo. In tale caso dobbiamo porre molta attenzione ad isolare gli elementi di fissaggio(bulloni etc) dall'adesivo strutturale. Inoltre porre molta attenzione nel serraggio dei bulloni, evitando di applicare carichi concentrati sul laminato.

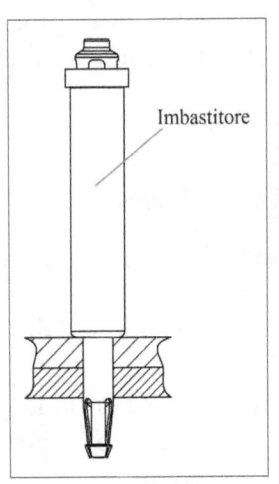

Imbastitore

Come ultima alternativa possiamo utilizzare degli imbastitori, chiamati "Cleco", sono largamente utilizzati nel settore aeronautico per mantenere pannelli e lamiere assieme da tempi venerabili. Si tratta di dispositivi a molla, applicabili e rimovibili tramite una apposita pinza, personalmente quest'ultimi sono quelli che utilizzo di solito.

Un'altro caso comune che si può presentare è quello relativo alla giunzione di pannelli in composito perpendicolari.

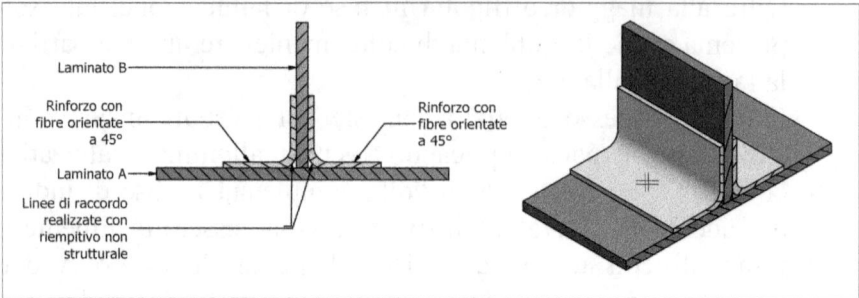

Anche qui per ottenere risultati accettabili a livello di adesione, si deve preparare le zone di giunzione con tessuto peel-ply durante la fase di laminazione.

Per evitare carichi concentrati nelle zone a spigolo, procedere applicando un riempitivo non strutturale lungo le linee di giunzione, creando così delle superfici raccordate. Come già affermato, utilizzare tessuto peel-ply anche per preparare quest'ultimi all'incollaggio.

Quando la realizzazione delle linee di raccordo sarà completata, rimuovere il peel-ply ed applicare del tessuto di rinforzo con trama a 45°, laminandolo sulle zone di giunzione.

Accoppiamento tra materiali diversi(Stress Termico)

In alcune applicazioni dei materiali compositi esiste il problema dovuto all'accoppiamento tra materiali differenti.

Il problema di base è di tipo termico ed è dovuto ai differenti coefficienti di dilatazione termica dei materiali.

Ad esempio, se incolliamo una parte di alluminio, su di un laminato in fibra di carbonio, dobbiamo tenere presente che i differenti coefficienti di dilatazione potrebbero comportare degli stress strutturali non trascurabili per il laminato. Ciò avviene quando viene sottoposto a variazioni termiche.

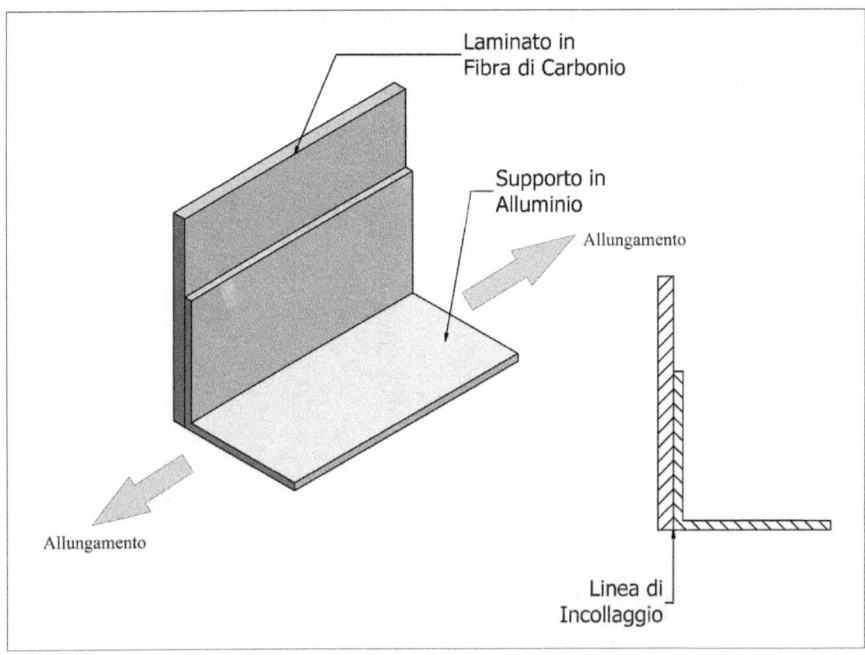

Più nel dettaglio possiamo considerare tale situazione di esempio:

A) Laminiamo un manufatto con i materiali sopracitati a temperatura prossima ai 25°C, con incollaggio della parte in alluminio sul laminato in fibra di carbonio.

B) Una volta completato lo esponiamo al sole, riscaldandosi raggiunge una temperatura prossima ai 50°C.

C) Si creerà un forte stress sul laminato, dovuto all'allungamento del particolare in alluminio, esso a dispetto del carbonio, il quale ha un coefficiente di dilatazione termica praticamente nullo. La sezione in fibra di carbonio quindi tenderà a rimanere rigida e invariata.

D) L'alluminio espandendosi tenderà a stendere la parte in carbonio esercitandovi una certa forza.

E) Il risultato di tale situazione sarà uno stress meccanico su entrambi i materiali del manufatto, in particolare per la sezione realizzata in alluminio. Anche la giunzione adesiva risentirà di tale stress.

Queste problematiche andranno considerate in fase di progetto se e quando ritenuto necessario, non ci occuperemo dei calcoli dedicati, in quanto non è in linea con lo scopo del manuale, è importante assimilare tale concetto, con la consapevolezza che tale fenomeno non sempre potrà essere considerato trascurabile.

Sistemi di fissaggio e ancoraggio

Nella maggior parte delle applicazioni vi è la necessità di installare e aggiungere dispositivi che sollecitano i laminati in vari modi(taglio, trazione, compressione, etc).

Le zone in cui avvengono tali fenomeni, sono soggette ai cosiddetti carichi concentrati.

Le forature e fresature dei laminati, portano ad un degrado delle caratteristiche meccaniche, nel punto in cui vengono praticate.

Ciò impone di rispettare alcuni concetti costruttivi particolari, in generale, quando si va incontro a situazioni del genere, vale la regola di rinforzare la zona sollecitata aumentando lo spessore del laminato, quindi aggiungendo vari strati del tessuto di rinforzo.

In sostanza se dobbiamo installare un bullone su un pannello di laminato in composito, non possiamo semplicemente forare e inserire il bullone soggetto al carico, ma dovremmo rispettare alcuni dei criteri di seguito. Altrimenti il laminato, sarà soggetto a degrado e rottura a medio o breve termine.

Per evitare tale stress, dovremmo far si che il carico concentrato applicato venga distribuito su un'area del laminato il più estesa possibile. Quindi più il carico è distribuito uniformemente e migliori saranno i risultati.

Di seguito affronteremo alcune situazioni comuni e analizzeremo i concetti costruttivi consigliati. Per motivi di sicurezza, negli esempi, non verranno forniti limiti di resistenza meccanica, in quanto tali parametri andranno affrontati,calcolati e trovati sperimentalmente caso per caso.

Incollaggio dei Perni e Collari Filettati

Da alcuni anni sono disponibili in commercio dei sistemi di fissaggio meccanico costituiti da perni e collari filettati, sono realizzati generalmente in acciaio inox e commercializzati in vari diametri e dimensioni.

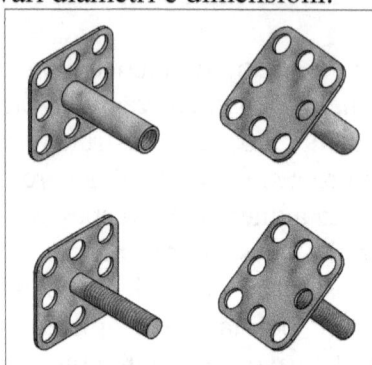

Sono largamente impiegati nel settore aeronautico e più recentemente anche nel settore automobilistico. Sono relativamente facili da installare su un laminato. Sostanzialmente si tratta di incollare la base metallica del perno o collare, al laminato di supporto.

Per ottenere una buona adesione, si deve attentamente preparare la superficie di incollaggio del laminato, possibilmente pre-trattando il laminato con tessuto peel-ply, oppure carteggiandola attentamente con carta e spugna abrasiva. La scelta dell'adesivo strutturale è la chiave per ottenere i migliori risultati meccanici, un prodotto di alta qualità compatibile con il tipo di laminato e metallo impiegato, garantirà un risultato finale di qualità, esistono vari tipi di prodotti bicomponente per questa applicazione(epossidico, metacrilato, etc), vedi capitolo "RESINE ED ADESIVI".

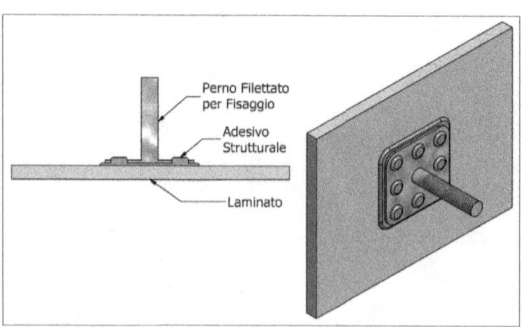

Perno Filettato per Fisaggio
Adesivo Strutturale
Laminato

Il procedimento consiste nel cospargere la zona di adesione e la base del perno o collare, con l'adesivo già miscelato, accoppiare le parti assicurandosi che l'adesivo risalga dai fori della base del supporto, al fine di ottenere una migliore tenuta meccanica. Rimuovere l'adesivo in eccesso quando è ancora allo stato liquido. Si consiglia di mascherare e delimitare la zona di incollaggio con nastro di carta e di rimuoverlo con l'adesivo ancora non solidificato, inoltre è consigliabile proteggere le parti filettate con nastro o altri prodotti sempre durante la fase di incollaggio.

Per mantenere il perno o collare bloccato al laminato durante la fase di incollaggio, si può ricorrere a morsetti a vite o masse da posizionare su di essi al fine di comprimerli.

Si può anche aggiungere il perno in fase di laminazione, senza ricorrere alla fase di incollaggio con adesivo strutturale. In tal caso sarà la matrice in resina del laminato a fungere da adesivo strutturale. Questa tecnica e utilizzata spesso quando si effettuano laminazioni con prepreg su telai automobilistici.

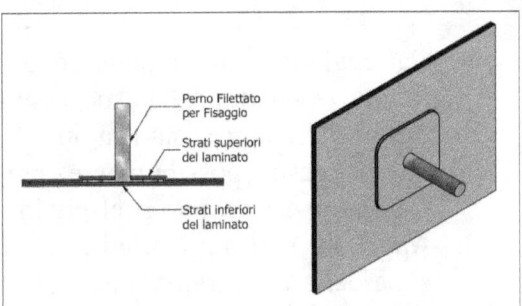

Questi metodi appena descritti, si riferiscono ai sistemi di fissaggio più facili e sicuri da implementare.

Installazione e Forature per Bulloni e Ancoraggi

In altre applicazione, dove non è applicabile la soluzione precedente si ricorre a metodi più invasivi nei confronti del laminato, ovvero forature e fresature per l'aggiunta di altri dispositivi.

Di seguito vengono mostrate alcune problematiche comuni a diverse applicazioni:

A) Quando si ha a che fare con laminati piani o stratificati semplici e si renda necessario aggiungere un bullone per fissare accessori e ancoraggi, si consiglia di adottare la soluzione di seguito:

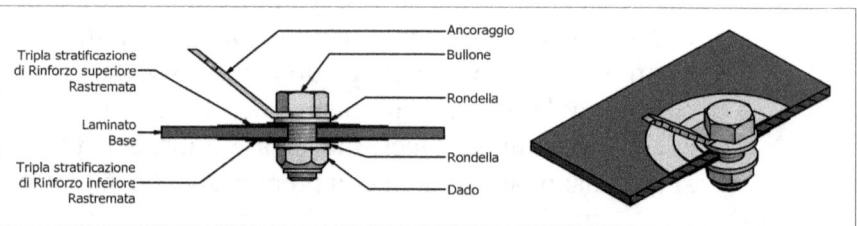

1. Carteggiare la zona della foratura per renderla più ruvida e adatta alla successiva applicazione del rinforzo. Se è prevista l'aggiunta di accessori come in questo caso, possibilmente preparare la zona da rinforzare con tessuto peel-ply in fase di laminazione.

2. Applicare uno o più strati di tessuto di rinforzo nella zona della foratura, laminandoli con la stessa matrice in resina del laminato, tali toppe dovranno essere rastremate come in figura. Applicare il rinforzo su entrambe le facce del laminato.

3. Forare o fresare il laminato ad indurimento completato.

4. Applicare il bullone e la minuteria, sempre utilizzando rondelle piane in modo da distribuire il carico meccanico in modo più uniforme possibile.

B) Mentre per i laminati sandwich, quando è necessario aggiungere un bullone per fissare accessori e ancoraggi, si consiglia la soluzione di seguito:

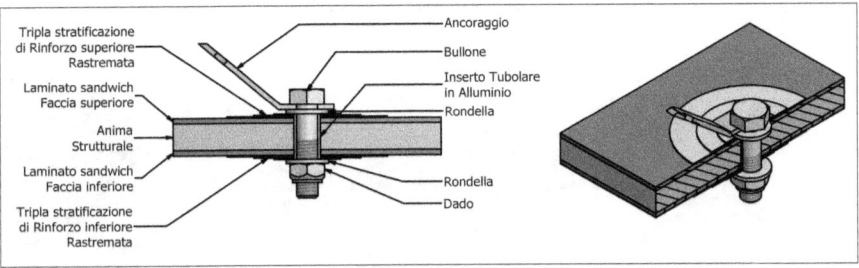

1. Carteggiare la zona della foratura per renderla più ruvida e adatta alla successiva applicazione del rinforzo. Se è prevista l'aggiunta di accessori come in questo caso, possibilmente preparare la zona da rinforzare con tessuto peel-ply in fase di realizzazione del laminato.

2. Inserire e incollare con adesivo strutturale, un inserto tubolare di alluminio per proteggere l'anima del sandwich. Tale inserto dovrà essere dimensionato affinchè il bullone vi passi attraverso correttamente.

3. Applicare uno o più strati di tessuto di rinforzo nella zona della foratura, laminandoli con la stessa matrice in resina del laminato, tali toppe dovranno essere rastremate come in figura. Applicare il rinforzo su entrambe le facce del laminato.

4. Forare o fresare il laminato ad indurimento completato.

5. Applicare il bullone e la minuteria, sempre utilizzando rondelle piane in modo da distribuire il carico meccanico in modo più uniforme possibile.

C) Invece, quando si ha a che fare con laminati sandwich e si renda necessario aggiungere un bullone per fissare accessori e ancoraggi, ma non sia possibile rinforzare entrambe le facce del laminato, si consiglia la soluzione di seguito:

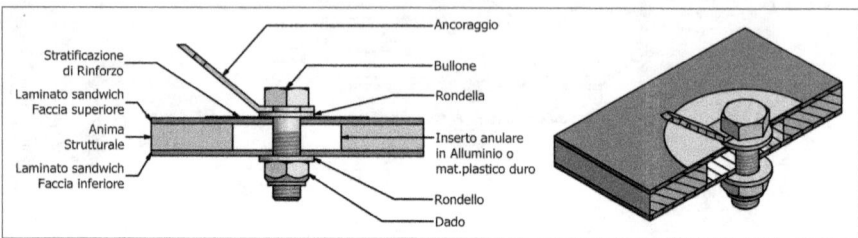

1. Carteggiare la zona della foratura per renderla più ruvida e adatta alla successiva applicazione del rinforzo. Se è prevista l'aggiunta di accessori come in questo caso, possibilmente preparare la zona da rinforzare con tessuto peel-ply in fase di realizzazione del laminato.

2. Inserire e incollare con adesivo strutturale, un inserto anulare in alluminio o plastico, per proteggere l'anima del sandwich. Assicurarsi che l'adesivo non lasci vuoti tra l'anima strutturale e le pareti dell'inserto. In caso di inserti in materiale plastico, assicurarsi che siano compatibili con l'adesivo prescelto. In alternativa ai materiali indicati è possibile utilizzare anche inserti in legno, meglio se realizzati in compensato di betulla. Inoltre l'inserto dovrà avere un diametro esterno proporzionalmente più grande, rispetto alla foratura passante richiesta per il bullone. Ciò sempre al fine di distribuire al meglio il carico di lavoro.

3. Applicare uno o più strati di tessuto di rinforzo nella zona della foratura, laminandoli con la stessa matrice in resina del laminato, tali toppe dovranno essere rastremate come in figura.

4. Forare o fresare il laminato ad indurimento completato.

5. Applicare il bullone e la minuteria, sempre utilizzando rondelle piane in modo da distribuire il carico meccanico in modo più uniforme possibile.

Pagina Lasciata Intenzionalmente Vuota

PROCESSI E METODI DI LAVORAZIONE

Panoramica

Nel precedente capitolo abbiamo definito e classificato le tipologie di laminato. Affronteremo i processi ed i metodi di lavorazione per creare i laminati e i manufatti finali.

Quelli mostrati sono tra i più conosciuti, ma il settore è in pieno sviluppo e probabilmente ve ne saranno ulteriori nell'immediato futuro.

Stampo fusoliera aliante(Fonte foto Google)

Laminazione manuale(Hand Lay-Up)

Si tratta del metodo più semplice ed alla portata di tutti. Consiste nel laminare il tessuto di rinforzo, impregnandolo con la matrice in resina direttamente sulla superficie in lavorazione o sullo stampo. Per fare ciò si utilizzano pennelli piatti, spatole in plastica e anche rulli. Il processo di indurimento avviene a pressione e temperatura ambiente.

Lo svantaggio di tale processo è che non permette l'evaporazione delle bolle d'aria che si creano nella matrice in resina durante la laminazione. Inoltre, non è facile controllare lo spessore del laminato, in quanto non è sottoposto a pressione.

Di conseguenza il rapporto fibre/resina è difficilmente controllabile. Molto dipende dall'abilità ed esperienza di chi effettua il processo di laminazione.

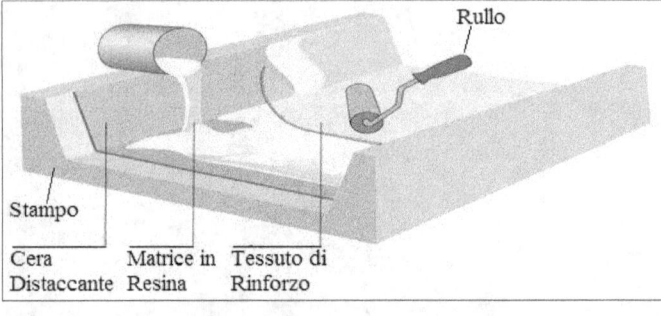

Per questi motivi, dopo l'indurimento della matrice in resina è richiesta una fase di rifinitura, tramite levigatura e stuccatura del manufatto, talvolta tale fase può rivelarsi piuttosto impegnativa. Un altro svantaggio è che l'operatore è esposto alla tossicità delle matrici in resina durante la fase di impregnazione, tale aspetto non è trascurabile nel caso delle resine poliesteri e vinilesteri, che richiedono particolari precauzioni per la sicurezza del personale. A livello hobbistico si consiglia di lavorare sempre con resine epossidiche.

Tale metodo è comunque il più diffuso in tutti i settori, sia industriali che hobbistici. Infatti è applicabile a tutti i tipi di tessuto di rinforzo e matrice in resina, che abbiamo trattato.

Chiunque decida di far pratica con i materiali compositi, inizierà imparando tale metodo. Richiede poche attrezzature e spazi di lavoro, quindi è adatto a tutti.

Laminazione manuale su schiume(Hand Lay-Up Over Foam)

Questa è semplicemente una variante del precedente metodo.

Si tratta di utilizzare un materiale schiumoso di anima, come stampo su cui creare il manufatto.

Generalmente, come materiale di anima, si utilizza il polistirene estruso ed espanso. Questo materiale viene letteralmente lavorato e scolpito con utensili tradizionali e tramite l'utilizzo della tecnica di taglio con filo a caldo.

Una volta creata la forma del manufatto, si procede alla laminazione del tessuto di rinforzo su tale geometria, procedendo manualmente per stratificazioni successive. Se previsto, una volta completata la fase

Laminazione fusoliera velivolo(Foto fonte Google)

di indurimento, il materiale di anima in polistirene può essere rimosso con l'utilizzo di solventi quali diluente nitro e acetone. In molte applicazioni invece il polistirene funge da anima strutturale e quindi non viene rimosso, in questo caso si ha che fare con laminati a sandwich.

Il primo settore che utilizzò tale metodo di lavorazione, fu quello della fabbricazione delle tavole da surf negli anni Cinquanta, quando il legno di balsa venne rimpiazzato da anime sintetiche più leggere.

Tale metodo fu ulteriormente sviluppato da Burt Rutan a fine degli anni Settanta, per creare velivoli auto-costruiti ad alte prestazioni. Tale tecnica costruttiva è chiamata "Moldless Composite Sandwich Aircraft Contruction". Attualmente è ancora molto utilizzata in vari settori industriali e non, compreso quello aeromodellistico e fa capo a quanto descritto sopra.

Anche questo metodo di lavorazione è considerabile alla portata di tutti.

Il vantaggio principale è che non richiede la realizzazione di stampi di lavorazione come è invece richiesto da altri. Consente quindi di realizzare forme tridimensionali, anche complesse, senza attrezzature particolari.

Presenta però gli stessi svantaggi del metodo precedente, rendendo laboriosa la fase di rifinitura.

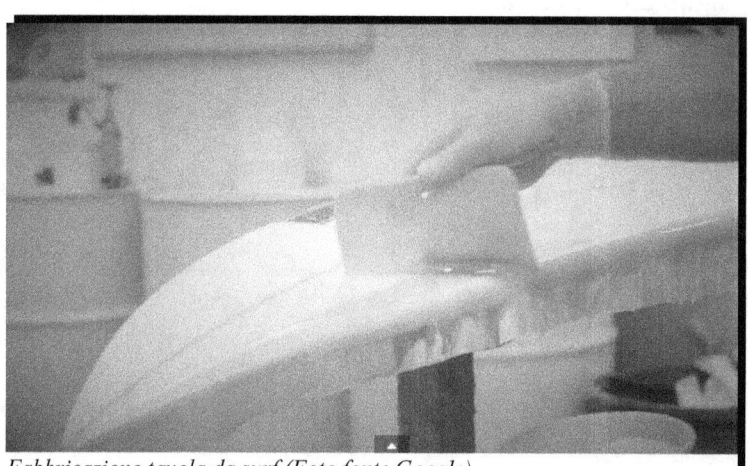

Fabbricazione tavola da surf (Foto fonte Google)

Laminazione con sacco a vuoto(Vacuum bag processing)

Viene anche chiamata semplicemente "Laminazione sottovuoto".
Quando è richiesto un livello di resistenza meccanica e finitura superficiale di livello, unito ad un controllo dello spessore del laminato, nonché il mantenimento di un determinato rapporto fibre/resina, si ricorre al metodo di laminazione sottovuoto.
Concettualmente consiste nell'applicazione di una depressione all'interno del sacco a vuoto, tale depressione andrà mantenuta per almeno 4-10 ore, tempo necessario alla matrice in resina di indurirsi.
La depressione si crea semplicemente aspirando l'aria all'interno del sacco.
Questo metodo è un evoluzione dei precedenti ed è utilizzabile anche nel settore hobbistico, ma richiede una attrezzatura più costosa e complessa, necessita anche di prodotti ausiliari di processo.

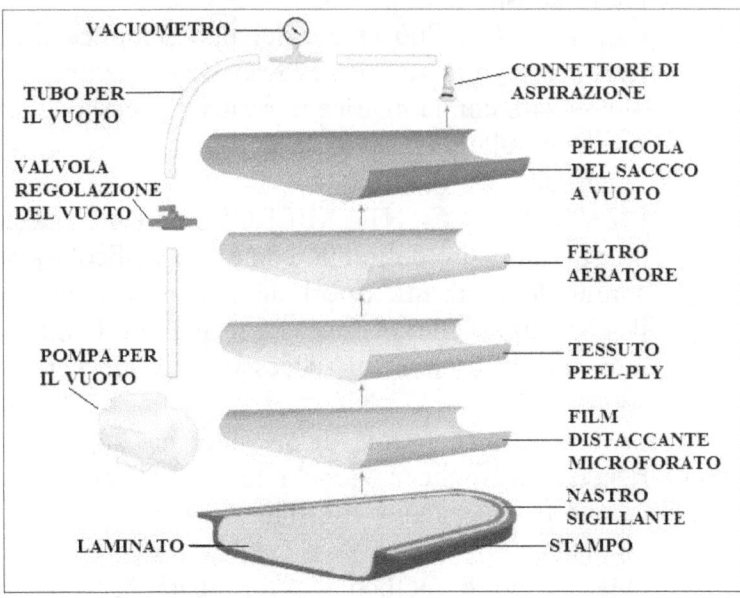

Quando si utilizza tale metodo si ha a che fare quasi sempre con manufatti da realizzare tramite stampaggio. La fase di laminazione vera e propria, è preceduta, dalla fase di realizzazione dello stampo, che potrà essere sia maschio che femmina, ciò dipende dal tipo di manufatto. Tratteremo in un capitolo successivo la realizzazione degli stampi.

Nella figura viene riassunto tale metodo di laminazione.

Descriveremo i vari dispositivi e materiali necessari alla laminazione.

STAMPO : Serve per formare il laminato secondo la geometria prevista. Prima della laminazione dovrà essere trattato con apposito prodotto distaccante(Vedi Capitolo "PRODOTTI E TESSUTI DISTACCANTI").

NASTRO SIGILLANTE : Ha lo scopo di sigillare la pellicola del sacco a vuoto sullo stampo. Va applicato sul perimetro dello stampo prima di iniziare la laminazione, lasciandovi la pellicola protettiva.

Si tratta di un nastro butilico ed è simile ad uno stucco pastoso. Se utilizzato con cautela, è possibile riutilizzarlo per più processi.

LAMINATO : Può essere del tipo semplice o sandwich, il tessuto di rinforzo viene steso nello stampo e di seguito impregnato con la matrice in resina. Successivamente saranno applicati ulteriori strati del tessuto ed eventuali anime strutturali.

FILM DISTACCANTE MICROFORATO : Questo elemento è opzionale ed è definibile come una pellicola plastica molto sottile, dotata di micro-fori che hanno lo scopo di permettere il filtraggio della matrice in resina tra l'ultimo strato del laminato e gli elementi successivi, quando verrà applicato il sottovuoto.

Se utilizzato, consente di ottenere una superficie più liscia rispetto all'applicazione diretta del tessuto peel-ply, ciò comporta un leggero aumento del quantitativo di resina nel laminato.

Questo tipo di pellicola è formulata per non aderire alla matrice in resina, garantendo un facile distacco, una volta completata la fase di indurimento.

TESSUTO PEEL-PLY: Lo abbiamo definito nel Cap."Peel ply". Tale tessuto sintetico in nylon crea una barriera nei confronti della matrice in resina tra il laminato o il film micro-forato e gli elementi successivi.

Completata la fase di indurimento risulta facile da rimuovere, strappandolo via dal manufatto stampato.

FELTRO AERATORE: Questo tessuto morbido in fibra sintetica, serve a intrappolare e assorbire la resina in eccesso, rilasciata per filtraggio dal laminato quando viene applicato il sottovuoto.

Permette quindi l'estrazione dell'aria presente all'interno del manufatto.

Il feltro aeratore, viene anche utilizzato come indicatore della qualità del manufatto. Infatti in fase di laminazione sottovuoto, se anziché mostrare delle macchie dovute alla resina in eccesso, mostra una impregnazione estesa o totale, significa che è stata eseguita una laminazione errata con un eccesso di matrice in resina. Questo ha come risultato finale un manufatto meno resistente e più spesso, in quanto il rapporto fibre/resina risulta basso.

Se il film microforato opzionale non è interposto tra il laminato ed il tessuto peel-ply, è buona norma invece posizionarlo tra il peel-ply ed il feltro aeratore.

CONNETTORE DI ASPIRAZIONE : Si tratta di un semplice connettore pneumatico che consente di collegare il tubo di aspirazione della pompa a vuoto al laminato sottovuoto.

Va posizionato in una zona dello stampo piana appoggiato al feltro aeratore, facendo sì che la depressione creata dal sottovuoto si distribuisca in modo uniforme sulla base del sistema di aspirazione.

Si consiglia di aggiungere una toppa aggiuntiva di feltro aeratore, proprio sotto la base del sistema aspirante al fine di non stressare la zona sottostante.

PELLICOLA DEL SACCO A VUOTO: Tale pellicola in materiale plastico, generalmente poliammide, ha lo scopo di garantire il vuoto tra gli strati inferiori e la pressione ambiente. Risulta piuttosto robusto ma facile da tagliare e maneggiare come qualsiasi pellicola plastica.

Prima di applicarlo, va tolta la pellicola del nastro sigillante precedentemente posizionato, inoltre è consigliabile praticare il foro per il fissaggio e passaggio del connettore di aspirazione. dopodiché verrà posizionato e disteso nello stampo.

La zona di passaggio del connettore di aspirazione andrà poi sigillata con nastro butilico.

POMPA PER IL VUOTO: Come dice il suo stesso nome, ha lo scopo di creare una depressione, ed è costituita da un motore elettrico che aziona una pompa a vuoto.

Va collegata tramite tubazioni flessibili alla parte in laminazione sottovuoto, tramite il connettore di aspirazione.

Per motivi intrinseci, la massima depressione che si può ottenere da tali pompe è di circa -1 Bar.

VALVOLA DI REGOLAZIONE: Permette di regolare la depressione creata dalla pompa nel sistema sottovuoto, questo dispositivo è opzionale.

VACUOMETRO: Consente di monitorare la depressione creata durante il processo di laminazione. Anche tale dispositivo è opzionale, ad ora, diverse pompe a vuoto di coomercio, hanno già un vacuometro di monitoraggio incorporato.

Una depressione di circa 0,5 Bar, nel sistema sottovuoto, è considerata accettabile per la maggior parte delle applicazioni.

Dal punto di vista pratico, tale processo verrà discusso dettagliatamente nel Capitolo "Tutorial 5 - Laminato a Sandwich tramite Sottovuoto".

Con questo metodo la probabilità di avere dei vuoti all'interno del manufatto è ridotta drasticamente rispetto ai precedenti metodi a pressione ambiente.

Inoltre le esalazioni tossiche di eventuali matrici in resina poliestere e vinilestere sono ridotte, in quanto il sistema è sigillato durante la fase di indurimento.

Tra gli svantaggi vi è il costo supplementare delle attrezzature e dispositivi necessari, inoltre ci sono diversi materiali ausiliari che non sono riutilizzabili, quindi rappresentano un costo ulteriore. Si richiede un buon livello di preparazione del personale addetto, in quanto va gestita la corretta sequenza di laminazione e creazione del sottovuoto.

Laminazione manufatto con sacco a vuoto

Laminazione in autoclave(Autoclave processing)

Il presente processo può essere considerato il più importante per la realizzazione di manufatti di altissimo livello e prestazioni meccaniche su scala industriale.

Possiamo definire l'autoclave come un sistema ermetico, equipaggiato e strumentato per ottenere al suo interno una pressione e temperatura superiori a quella atmosferica ed anche il vuoto. In pratica si tratta di un forno pressurizzato di medie e grandi dimensioni.

Autoclave per materiali compositi(Foto fonte Google)

In questo tipo di processo si utilizza quasi sempre il prepreg per realizzare il manufatto, solo con quest'ultimo infatti si ottengono i migliori risultati finali.

La fase di preparazione dello stampo, con la successiva laminazione e aggiunta degli ausiliari, è praticamente la stessa del metodo per la "Laminazione con sacco a vuoto(Vacuum bag processing)".

Fatta eccezione del tessuto di rinforzo e della matrice in resina, che vengono sostituiti dal prepreg.

Gli stampi utilizzati in autoclave sono generalmente in materiale metallico al fine di renderli indeformabili sottopressione, dovranno sopportare pressioni fino a 5 bar.

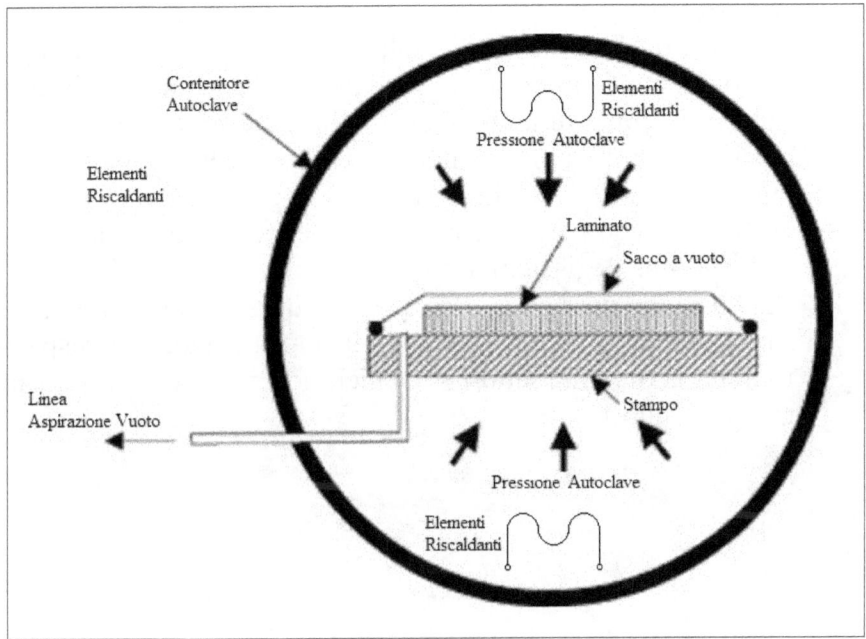

Completata la fase di laminazione e preparazione del sacco a vuoto, l'assemblato viene inserito all'interno dell'autoclave.

Una volta connesse le linee di aspirazione del vuoto al sacco, viene applicato il vuoto allo stampo.

Se non vi sono perdite nel sacco, viene chiusa l'autoclave e pressurizzata fino a 5 bar.

La temperatura interna viene portata a valori intorno ai 120-180°C tramite riscaldatori interni all'autoclave, seguendo delle rampe di riscaldamento e raffreddamento controllate.

In una prima fase la resina presente nel prepreg diventerà più fluida a causa dell'aumento della temperatura, ciò faciliterà così l'assorbimento di quella in eccesso. Seguirà poi la fase di indurimento ad alta temperatura.

Questo processo è adatto a tutti i tipi di tessuto di rinforzo. Va posta particolare attenzione in caso di strutture a sandwich con anime strutturali, in quanto l'elevata pressione ne causa la compressione, tale aspetto andrà valutato attentamente in fase di progetto.

Il rapporto fibre/resina ottenuto è tra i migliori ed il materiale in eccesso è sempre ridotto, riducendo così gli sprechi.

Dal punto di vista della salute è un processo sicuro, infatti l'indurimento della resina avviene in ambiente chiuso ed isolato.

Tuttavia si tratta di un processo molto costoso, adatto ad aziende di medie e grandi dimensioni, il costo di acquisto dell'autoclave è piuttosto elevato. Anche il prepreg è piuttosto costoso. Richiede anche una grande attenzione e cura nella progettazione e realizzazione degli stampi.

Riassumendo possiamo affermare che questo processo è utilizzabile solo in settore importanti, come quello aeronautico, aerospaziale, la formula uno e altri settori strategici, non è quindi alla portata degli auto-costruttori.

Laminazione per infusione RTM

A livello di diffusione, dopo i processi di laminazione manuale e con sacco a vuoto, quelli ad infusione possono essere considerati tra i più comuni.

Il processo RTM(Resin Tranfer Moulding) consiste nella laminazione a secco del tessuto di rinforzo preformato all'interno di uno stampo rigido, generalmente metallico. Tale stampo, che dovrà essere ermetico, viene chiuso tramite un contro-stampo, sottoponendo così a pressione il laminato secco. dopodiché viene iniettata a pressione la matrice in resina pre-miscelata nello stampo, la quale impregnerà i tessuti, eliminando così l'aria presente all'interno di essi.

Una delle parti più grandi e complesse mai realizzate con il metodo RTM, fu il radome(cono frontale) del velivolo Concorde negli anni Sessanta.

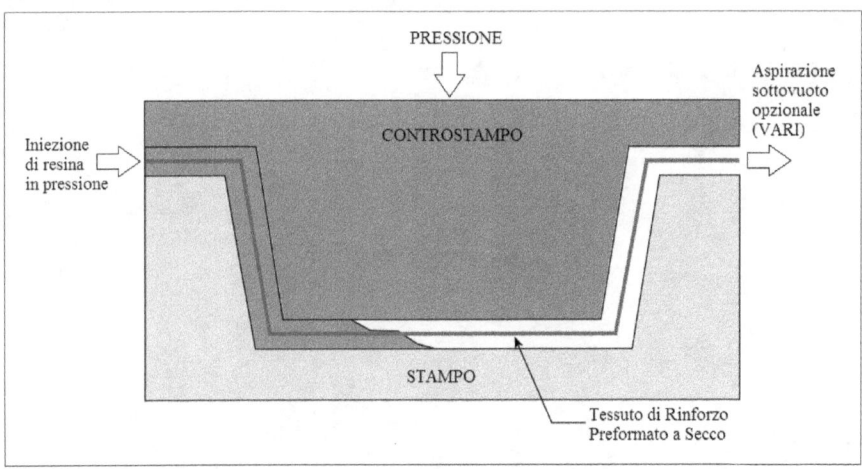

Esiste una variante del processo RTM, chiamato VARI(Vacuum Assisted Resin Injection), nella quale otre a quanto descritto sopra, è aggiunta l'aspirazione dell'aria con l'applicazione del vuoto.

Il processo RTM è compatibile con tutti i tipi di tessuto di rinforzo e matrici in resina più utilizzati. Per quanto riguarda le anime strutturali, non è adatto per l'utilizzo del Honeycomb.

Con questo processo si ottiene un buon rapporto fibre/volume del laminato, essendo lo stampo presente su entrambe le facce del laminato, il manufatto finale presenta già un livello di finitura elevato, con riduzione dei costi di realizzazione.

Anche qui, dal punto di vista della salute risulta un processo sicuro, infatti l'indurimento della resina avviene in ambiente chiuso ed isolato.

Lo svantaggio è l'elevato costo e pesantezza degli stampi necessari. Limitandone l'applicazione a manufatti di piccole e medi dimensioni.

Tra i settori di applicazione vi sono quello aeronautico, automobilistico e ferroviario.

Anche questo processo non è adatto al settore delle auto-costruzioni.

Laminazione per infusione VARTM(Vacuum Assisted Resin Tranfer Moulding)

Una ulteriore variante del processo RTM è il VARTM(Vacuum Assisted Resin Tranfer Moulding) noto anche come SCRIMP(Seeman Composite Resin Injection Molding Process), dove la matrice in resina non viene iniettata a pressione, bensì aspirata tramite l'applicazione del vuoto da apposite linee presenti all'interno dello stampo, riducendo così la complessità dello stampaggio.

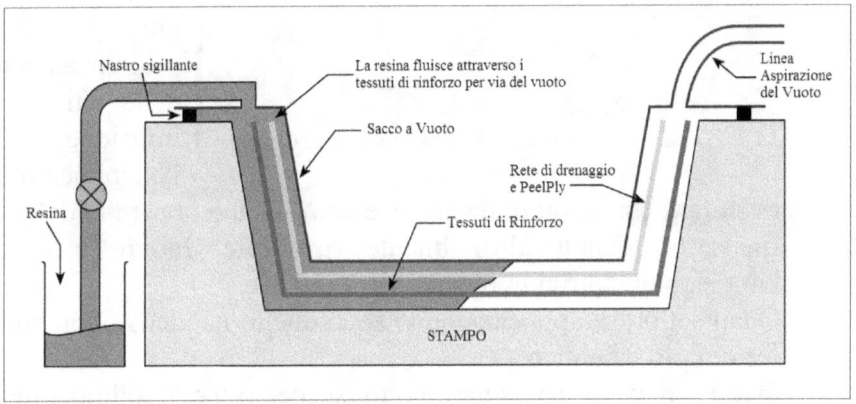

Una volta posizionato i tessuti di rinforzo a secco e gli ausiliari di processo, comprese le linee di infusione, viene applicato il sottovuoto.

Con il sottovuoto applicato si eliminano le eventuali perdite riscontrate.

dopodiché viene abilitato il flusso della matrice in resina pre-miscelata.

La linea di infusione della resina viene chiusa quando tutto il laminato è impregnato di resina.

Il vantaggio di questo processo rispetto al RTM, è che semplifica molto la realizzazione degli stampi, sia come materiali che come costi.

Presenta le stesse caratteristiche di impiego del RTM, ma permette di realizzare anche manufatti complessi e di grandi dimensioni, quali ad esempio scafi di imbarcazioni e parti di velivoli commerciali, la finitura dello stampaggio avviene però solo su una faccia del laminato.

Laminazione scafo con metodo VARTM (Foto fonte Google)

Risulta possibile anche l'adattamento e modifica di stampi realizzati per laminazioni manuali.
Tra gli svantaggi vi è che richiede però un accurato posizionamento delle reti e linee di infusione, pena l'ottenimento di manufatti con vuoti di resina, che comportano la perdita del prodotto finale, in quanto difficilmente riparabile. Inoltre è necessario l'impiego di matrici in resina molto viscose.

Quali settori di applicazione vi sono quello nautico, automobilistico, ferroviario ed eolico.

Questo metodo ha avuto molto successo negli ultimi anni ed è applicabile anche nel settore delle auto-costruzioni, tutti i materiali ausiliari di processo sono facilmente reperibili in commercio.

Laminazione Spray(Spray Lay Up)

Tale processo verrà descritto solamente a scopo didattico. Infatti non prevede l'utilizzo del tessuto di rinforzo, bensì di una fibra, generalmente di vetro. Per quanto riguarda la matrice in resina, viene utilizzata prevalentemente quella a base poliestere.

Tramite una apposita pistola l'operatore, spruzza manualmente, la resina e della fibra tagliata a spezzoni automaticamente dalla stessa pistola, nello stampo del manufatto da realizzare.

La resina viene iniettata nella pistola in pressione, nella stessa è presente il serbatoio contenente il catalizzatore. La miscelazione della resina+catalizzatore, avviene all'interno della pistola.

Il processo di indurimento si completa a temperatura ambiente.

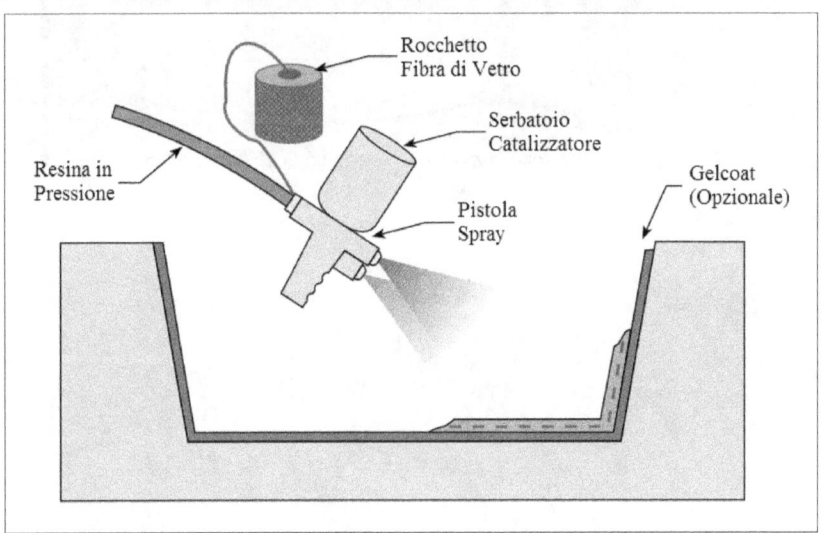

Con questo processo si riesce coprire delle vaste aree in tempi ridotti ed è adatta a realizzare manufatti a basso costo.

Gli svantaggi sono diversi, tra i quali il fatto che ha come un risultato un manufatto con elevato quantitativo di resina, quindi pesante e poco resistente. Le fibre essendo tagliate in corti spezzoni vengono posizionate in direzioni casuali, quindi il risultato dal punto di vista meccanico sarà basso. Inoltre l'operatore è soggetto a inalazioni di stirene e altre sostanze volatili nocive per la salute.

Questo metodo trova diversi impieghi, tra i più noti vi sono scafi di piccole imbarcazioni, panelli e piccoli contenitori, cassonetti per l'immondizia, pannellature automobilistiche, piatti doccia.
Non è applicabile in generale al settore delle auto-costruzioni.

Laminazione con metodo Spray Lay Up(Foto fonte Google)

Laminazione per Avvolgimento del Filamento (Filament winding)

Questo può essere considerato un vero e proprio processo di produzione industriale, infatti necessita di macchinari specifici per tale applicazione.

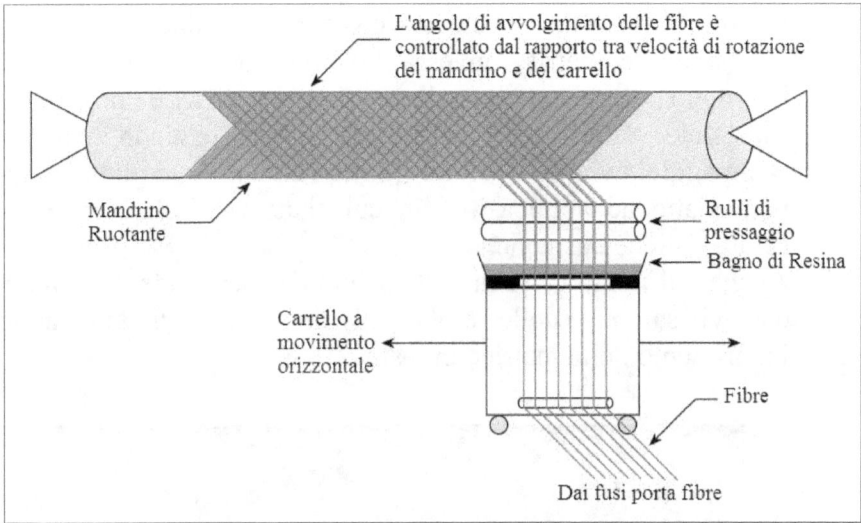

Tale processo viene utilizzato in genere, per realizzare manufatti che hanno sezione circolare, ovale ed anche con forte allungamento, quai pale rotore di velivoli ad ala rotante, tubazioni, serbatoi, alberi di trasmissione.

Le fibre di rinforzo provenienti da dei fusi, passano in un bagno contenente la matrice in resina che ha lo scopo di impregnarle. Tale bagno è montato su un carrello a movimento orizzontale. Tramite i rulli di pressaggio è possibile gestire la quantità di resina delle fibre impregnate.

Dopodiché vengono avvolte sul mandrino rotante, precedentemente trattato con agenti distaccanti, in vari orientamenti a seconda delle necessità strutturali finali previste. Tali orientamenti vengono controllati agendo sul rapporto tra la velocità di rotazione del mandrino e quella orizzontale del carrello.

La fase di indurimento della resina può avvenire condizioni

ambientali standard o in autoclave.

In questo processo è possibile utilizzare qualsiasi tipo di matrice in resina e tessuto di rinforzo attualmente in commercio.

La velocità di realizzazione del manufatto è molto elevata, in quanto il processo è estremamente automatizzato.

Lo spreco di fibre di rinforzo è ridotto a zero e dal punto di vista strutturale si ottengono ottimi risultati.

Purtroppo richiede macchinari costosi ed è adatto a soli manufatti che hanno geometrie convesse. Le fibre non possono essere avvolte in modo totalmente parallelo rispetto all'asse orizzontale. La superficie esterna del manufatto, non essendo sottoposta a stampaggio, avrà un livello di finitura superficiale piuttosto grezzo e non adatto ad applicazioni in cui siano richiesti componenti con caratteristiche cosmetiche.

Anche dal punto di vista della salute del personale, va tenuto conto che vi saranno delle esalazioni nella fase di avvolgimento e indurimento della matrice in resina.

Realizzazione particolare con metodo Filament winding (Foto fonte Google)

Laminazione per Trazione (Pull-Trusion)

Anche questo processo può essere considerato appannaggio di produzioni esclusivamente industriali, necessita di macchinari specifici per tale applicazione ed è adatto alla produzione in serie di certi tipi di manufatti.

Tuttavia i macchinari necessari al processo non sono troppo costosi.

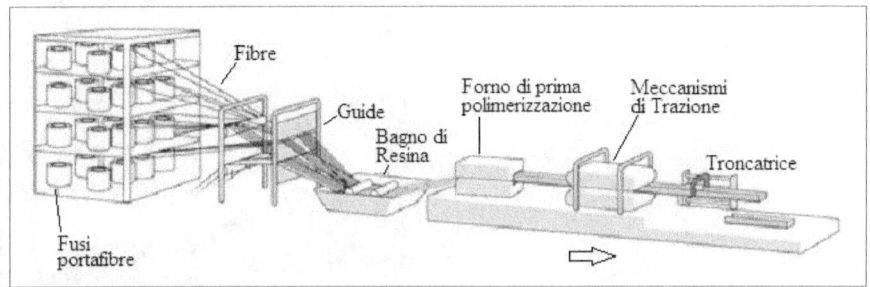

Viene utilizzato quando vi è la necessità di fabbricare manufatti a sezione costante e di elevata lunghezza.

Il nome del processo deriva dal fatto che è una via di mezzo tra la laminazione e un'estrusione.

Le fibre in trazione provenienti dai fusi passano attraverso delle guide e poi vengono impregnate della matrice in resina.

Dopodiché attraversano un forno di polimerizzazione che completa la fase di impregnazione, controlla la quantità di resina e crea la sezione finale del laminato, orientando anche l'angolo delle fibre come previsto.

A fine processo il manufatto viene tagliato alla lunghezza prevista.

In questo processo è possibile utilizzare qualsiasi tipo di matrice in resina e tessuto di rinforzo disponibile.

L'elevata automazione del processo consente di produrre manufatti a costi competitivi.

Risulta anche molto rapido e produce manufatti di elevate caratteristiche meccaniche in quanto il rapporto fibre/resina è controllato accuratamente.

Lo svantaggio del processo è che consente di realizzare solo sezioni costanti.

Tra i settori di applicazione vi sono pavimentazioni, componentistica aeronautica, barre di rinforzo, scii, mazze da golf, aste delle bandiere, isolatori elettrici.

Laminazione per Trazione (Foto fonte Google)

REALIZZAZIONE DEGLI STAMPI E FINITURA MANUFATTI

Introduzione

La realizzazione degli stampi per la creazione dei manufatti è uno degli aspetti più importanti, ma anche uno dei più onerosi da affrontare, sia in termini di ore di lavoro, che di costi. Affronteremo le tecniche principali sull'argomento.

Nel Capitolo "Laminazione manuale su schiume(Hand Lay-Up Over Foam)", abbiamo visto che è possibile creare dei manufatti direttamente sulle schiume senza realizzare stampi, tuttavia ciò richiede molto tempo per la finitura e levigatura delle superfici dei manufatti.

Le tecniche per realizzare gli stampi sono pressochè infinite e possiamo quasi considerarla quasi una forma di arte.

Non a caso molti concetti affrontati di seguito sono applicabili anche ad altri settori, quali quello delle arti, ad esempio per realizzare stampi di statue o altre opere.

Analizzeremo i sistemi più utilizzati e conosciuti del settore.

Quando si realizzano manufatti in composito tramite stampaggio, vale la regola, che le superfici dello stampo vanno sempre pre-trattate con agenti distaccanti, pena l'incollaggio del manufatto allo stampo durante la fase di laminazione.

Discuteremo anche delle tecniche di base di finitura.

La realizzazione degli stampi

Lo stampo può essere definito come una forma che riproduce le superfici geometriche del manufatto, su di esso vengono posizionati i tessuti di rinforzo e la matrice in resina. Tali parti laminate verranno tenute in forma e posizione fino all'indurimento completo della resina. Sullo stampo non è comunque necessario applicare forze significative per realizzare i manufatti.

Invece quando si parla di matrice, tramite l'applicazione di una pressione importante, si forza la parte a formarsi nella geometria desiderata. Ad esempio ciò avviene quando si ha a che fare con lo stampaggio di lamiere metalliche nel settore automobilistico, tramite delle presse.

In molti casi la realizzazione di uno stampo è l'unica opzione praticabile per ottenere un manufatto dalle caratteristiche soddisfacenti. Talvolta anche nel caso si debba realizzare un singolo manufatto.

Stampaggio di parti piatte

Possiamo considerare lo stampaggio di parti piatte quello più facile da realizzare.

Utile quando si ha la necessità d stampare lastre e pannelli con superfici piane.

Per realizzare uno stampo è necessaria solo una superficie piatta, levigata e in materiale abbastanza rigido da non deformarsi durante la laminazione (Es: pannelli di vetro, policarbonato o metallo).

Questa tecnica di stampaggio può essere utilizzata con i principali metodi di laminazione, in particolare quella manuale e con sacco a vuoto.

Di seguito viene mostrato il concetto di stampaggio con laminazione manuale.

Le superfici di lavoro vengono trattate con agenti distaccanti o film plastici antiaderenti

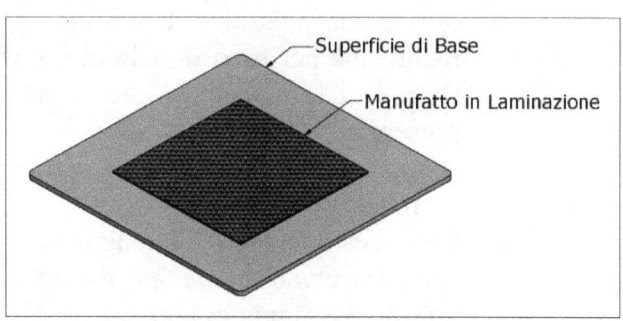

Superficie di Base

Manufatto in Laminazione

(vedi Cap.PRODOTTI E TESSUTI DISTACCANTI).

Si laminano quindi il tessuto di rinforzo in vari strati, applicando la matrice in resina.

Con questo metodo solo una faccia verrà stampata con un livello di finitura elevato.

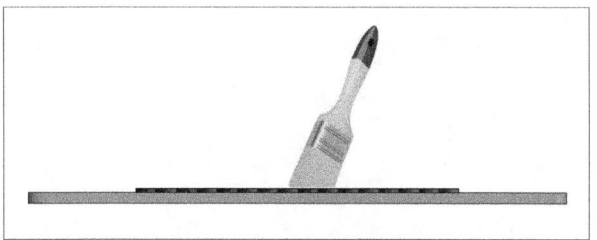

Per delimitare il perimetro dei manufatti in laminazione si possono utilizzare angolari in alluminio o listelli di legno, anche questi vanno trattati con agenti distaccanti o film plastici antiaderenti.

Vi è anche la possibilità di aggiungere una contro-piastra, di caratteristiche analoghe alla superficie piana di base, posizionandola sulla faccia superiore del laminato:

Alla contro-piastra viene applicata una massa nota, così da creare una pressione distribuita sul laminato, la quale andrà mantenuta per tutto il ciclo di indurimento. Lo scopo è di far fluire via la resina in eccesso ed eliminare le bolle di aria presenti all'interno di essa.

Maggiore è la massa applicata, maggiore sarà la pressione esercitata.

Con questo metodo si ottengono così manufatti con due facce, che presentano un elevato livello di finitura superficiale, con un solo passaggio di laminazione.

Come ulteriore affinamento tecnico, è possibile usare il processo di laminazione con sacco a vuoto, consultare il Cap."Laminazione con sacco a vuoto(Vacuum bag processing)" per approfondimenti.

Quando si laminano parti, in particolare quelle che dovranno accoppiarsi successivamente con altre, è molto importante aggiungere linee e marcatori di riferimento nella fase di laminazione.

Tali riferimenti sono utilissimi anche in fase di taglio e rifinitura del manufatto.

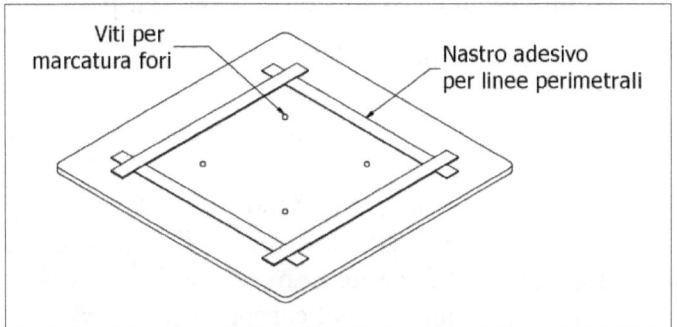

Ad esempio per marcare le linee perimetrali, utilizzare del nastro americano(Duct-tape) applicandolo alla superficie di stampaggio.

Tale nastro non si incolla alla resina epossidica, quindi una volta essiccata la resina non creerà problemi di rimozione.

Rimarranno così stampate sul manufatto, le linee create dai bordi del nastro.

Se invece è richiesto di creare dei marcatori per indicare punti di foratura, basta posizionare sulla superficie di stampaggio delle viti autofilettanti con testa piccola e cilindrica, oppure dei chiodini.

Invece quando si devono creare delle linee di giunzione per accoppiare più manufatti, si può procedere come di seguito:

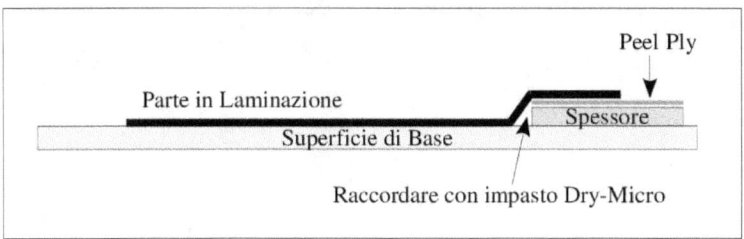

Per ulteriori approfondimenti consultare il Capitolo "CONCETTI DI GIUNZIONE E SISTEMI DI FISSAGGIO". Come vedremo nel Capitolo "REALIZZAZIONI PRATICHE", lo stampaggio di parti piatte rappresenta la prima fase di apprendimento pratico.

Stampaggio di parti a curvatura semplice

Un evoluzione del metodo precedente per parti più complesse, riguarda il caso in cui si debba stampare geometrie a curvatura semplice come mostrato a fianco. La superficie liscia di appoggio potrà essere in materiale plastico, come il policarbonato, 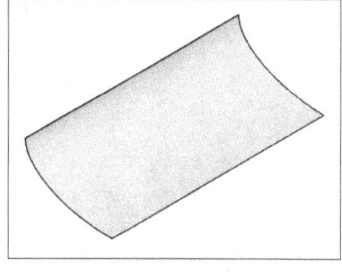 oppure in lamiera metallica sottile(alluminio, acciaio, etc). Mentre le dime di curvatura possono essere realizzate in legno di qualsiasi tipo. La realizzazione di uno stampo per tali superfici può essere effettuata con questo semplice metodo:

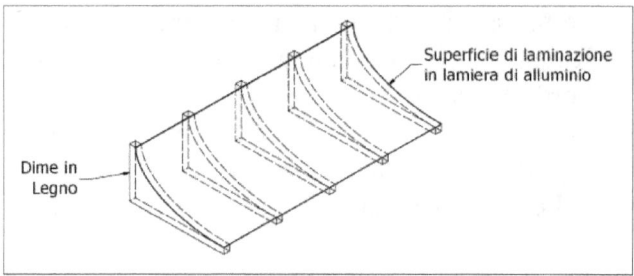

Superficie di laminazione in lamiera di alluminio

Dime in Legno

Per quanto riguarda il processo di laminazione vale quanto descritto nel paragrafo precedente.

Creazione di stampi maschio e femmina

Quando di debbono realizzare manufatti di qualità e finitura elevata, non si può far altro che ricorrere a questo metodo.
Tali stampi possono essere realizzati manualmente, oppure con macchine CNC per manufatti da riprodurre in serie con tolleranze meccaniche ridotte.

Gli stampi vanno sempre realizzati tenendo conto del processo di laminazione previsto (manuale, sacco a vuoto, infusione, etc), infatti spesso è necessario adottare degli accorgimenti per ottenere risultati finali di qualità.
Con questo tipi di stampi, generalmente si utilizza la laminazione con sacco a vuoto e per infusione.

Lo stampo maschio è più semplice da realizzare, in quanto richiede meno fasi di realizzazione. Tuttavia la maggior parte delle applicazioni richiede di disporre di stampi femmina, molto più onerosi da realizzare da tutti i punti di vista.

Stampo Maschio

Prendiamo come esempio la figura sottostante:

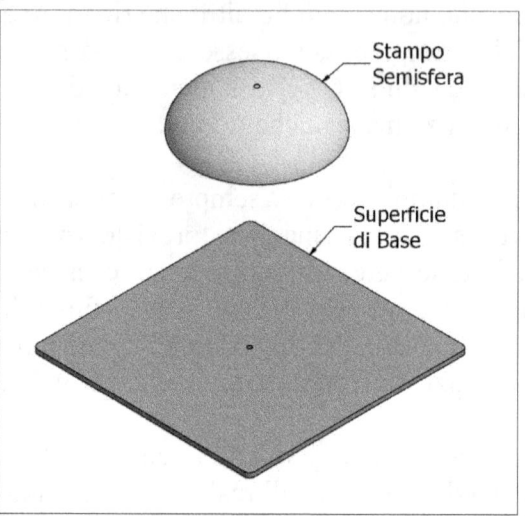

In questo caso si realizza uno stampo per creare una semisfera, la faccia levigata del manufatto finale risulterà quella interna, quella esterna presenterà la rugosità tipica dei laminati in composito.

Per realizzare con semplicità uno stampo del genere si procede partendo sempre da una superficie piana di base, alla quale si aggiunge la geometria che rappresenta il modello maschio da riprodurre. Tale modello può essere semplicemente una forma esistente, oppure realizzato ad hoc.

Il modello può essere realizzato con diversi materiali e manualmente. Molto spesso la scelta dipende dalle dimensioni dello stampo e dalla complessità della parte da riprodurre.

Si può utilizzare il legno(ad esempio MDF), lavorandolo fino ad ottenere una superficie liscia, impermeabilizzandolo poi con impasto di tipo dry-micro o con stucco al poliestere (Vedi Cap."ADDENSANTI E RIEMPITIVI"). La quale andrà successivamente levigata con carta vetrata o spugna abrasiva.

Per ottenere la superficie finale a specchio, si può rivestire il tutto con gelcoat epossidico o con vernice poliuretanica, applicandoli a spruzzo, con una o più mani. Levigando poi nuovamente il tutto con carta abrasiva fine ed acqua, ciò solo se ritenuto necessario.

Al posto di legno è possibile utilizzare schiume morbide come il polistirene estruso o espanso, facile da levigare e tagliare con il filo a caldo.

Si deve porre attenzione a questo tipo di materiale, in quanto essendo piuttosto morbido è facile incappare in incidenti di percorso, creando deformazioni indesiderate. Sono comunque danni facilmente recuperabili con stuccatura tramite con impasto di tipo dry-micro e carteggiatura.

Per la finitura superficiale si può utilizzare la stessa tecnica descritta per il legno, oppure applicando uno o più strati in tessuto di rinforzo in fibra di vetro a grammatura molto leggera, intorno agli 80 gr/mq, procedendo quindi laminandolo con resina epossidica e ad indurimento completo, procedendo alla levigatura finale dopo aver nuovamente applicato un velo impasto tipo dry-micro.

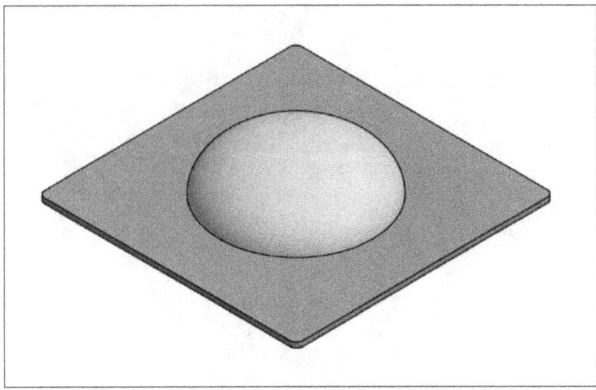

Si crea così una sorta di "crosta", che rende lo stampo più robusto meccanicamente.

Con il modello maschio pronto, si procede ad accoppiarlo alla superficie di base incollandolo o fissandolo ad essa con vite e chiodi.

Come accennato nei capitoli precedenti, si deve evitare di realizzare zone a spigoli vivi per motivi strutturali e per facilitare l'estrazione dei manufatti stampati.

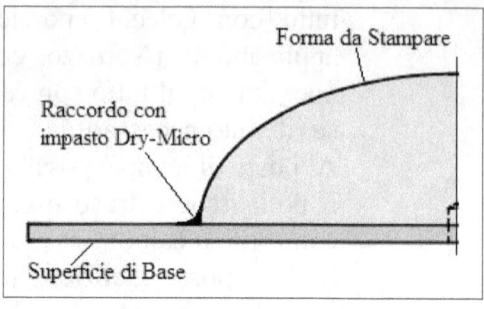

Quindi è buona regola raccordare la superficie del modello maschio a quella piana con stucco o impasto di tipo dry-micro.

Come discusso per lo stampaggio di parti piatte, anche qui si possono aggiungere linee di riferimento e marcatori particolari sullo stampo.

Prima della laminazione del manufatto, dovremmo trattare lo stampo con agenti distaccanti.

Stampo Femmina

Per realizzare tale stampo si deve prima procedere alla creazione di una matrice o modello maschio, della parte da riprodurre; su di esso verrà poi realizzato lo stampo femmina.

Quando si dispone di macchine a controllo numerico è possibile realizzare direttamente lo stampo femmina, generalmente in materiale metallico. Questo tipo di tecnica è appannaggio del settore industriale, richiede costi e attrezzature di processo non alla portata dell'auto-costruttore.

Di seguito ci occuperemo esclusivamente di realizzazione di stampi con metodi manuali.

Per ottenere lo stampo femmina si dovrà procedere quindi in due fasi:

A) Realizzazione della matrice.

B) Realizzazione stampo femmina.

Nella fase di realizzazione della matrice, dal punto di vista dimensionale si deve tenere conto dello spessore che assumerà il manufatto finale e di conseguenza sottodimensionare la matrice. Tale modello può essere realizzato con tecniche analoghe a quelle descritte di sopra per lo stampo maschio.

Nel caso si debba realizzare stampi con dimensioni importanti, quindi con lunghezze superiori a un paio di metri si possono utilizzare anche altri metodi per ridurre i costi dei materiali di realizzazione dello stampo.

Una tecnica nota e spesso utilizzata consiste nella realizzazione di una sorta di scheletro del modello da realizzare, in legno o metallo, il quale viene poi rivestito con pannelli in schiuma morbida come il polistirene estruso o espanso, oppure in alcuni casi anche con legno.

Realizzazione matrice in legno (Foto fonte Google)

Dopodiché di procede alla levigatura e finitura superficiale del polistirene come abbiamo già descritto.

Un'altra tecnica consiste invece nel realizzare la matrice partendo da delle sezioni dello stesso ed accoppiandole insieme.

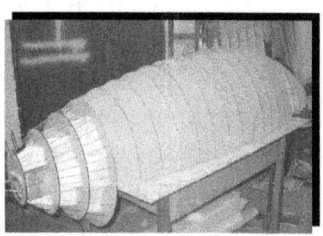
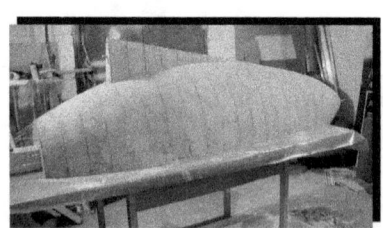
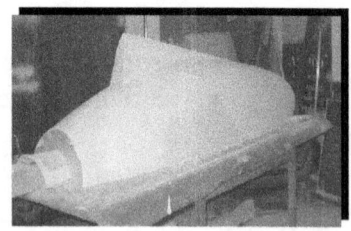

Realizzazione matrice in schiuma poliuretanica (Foto fonte Google)

In sostanza si realizzano delle "fette" del modello in polistirene e poi si incollano insieme. Tali fette sono tagliate con dimensioni superiori a quella finale prevista. A modello incollato, si procede alla levigatura della superficie, fino a ottenere la geometria prevista. In questo caso viene deciso tutto ad "occhio", per verifiche dimensionali più accurate, si procede al confronto con dime di riferimento, realizzate ad hoc.

Al posto del polistirene viene anche utilizzata la schiuma poliuretanica, la quale viene spruzzata e fatta espandere nelle sezioni dello stampo e procedendo poi come con il polistirene. Per la finitura superficiale si procede con le tecniche descritte di sopra per lo stampo maschio.

Quando il modello è pronto, inizia la fase di realizzazione dello stampo femmina vera e propria.

In molti casi, dalla matrice, si ricavano due semi-stampi femmina speculari, separati rispetto alla mezzeria. Per ottenere tale risultato dovremmo preparare la 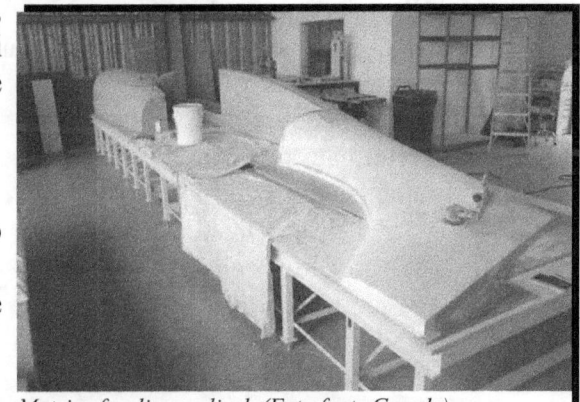 matrice creando

Matrice fusoliera velivolo(Foto fonte Google)

delle flange di separazione, lungo le linee di mezzeria.

Per realizzare le flange di separazione, andranno posizionati dei setti realizzati con lamiera di alluminio sottile(circa 1mm), facilmente piegabile ed adattabile. I quali, andranno fissati temporaneamente allo stampo con adesivo removibile. Spesso si utilizza lo stucco in poliestere da carrozziere, tenendo però presente che è corrosivo nei confronti del polistirene. Si può anche utilizzare l'impasto di tipo dry-micro. Con quest'ultimo si dovrà provvedere anche a raccordare le zone a spigolo che si creano tra i setti ed i modelli.

Nella zona della flange, si procede laminando del tessuto di rinforzo con trama a 45° sulle zone di separazione.

Questa operazione andrà effettuata prima di laminare la geometria della matrice.

Prima di procedere alla laminazione si dovrà trattare con agente distaccante le zone di lavoro.

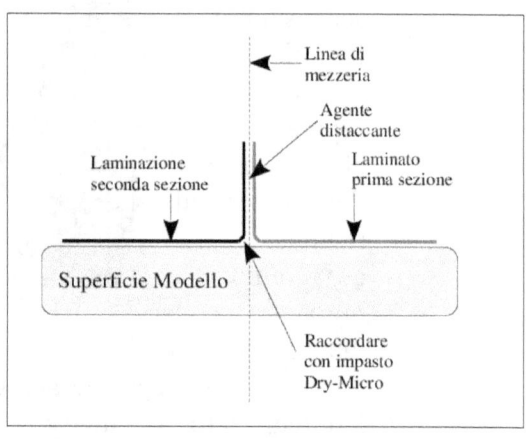

La procedura andrà effettuata prima per una sezione e poi per l'altra. Quando si procede con la seconda sezione, si andrà rimosso il setto di separazione temporaneo e posizionato del film/agente distaccante o del nastro americano, sulla faccia della prima flangia giò creata.

Lo stampo femmina andrà realizzato procedendo con una sezione alla volta.

Come tipo di resina, si consiglia di utilizzare quella di tipo epossidica, esistono in commercio anche resine epossidiche formulate appositamente per realizzare gli stampi, con un tempo di indurimento più lento rispetto a quelle per applicazioni standard.

Mentre come tessuto di rinforzo, generalmente si utilizza la fibra di vetro, la quale ha un prezzo accettabile e permette di individuare facilmente le indesiderate bolle d'aria in fase di laminazione.

In molti settori, prima di applicare il tessuto di rinforzo, viene applicato del gelcoat per creare superfici più durevoli. Tuttavia nel settore delle auto-costruzioni tale passaggio non è necessario.

Per creare una superficie ben levigata, basta far sì che la prima mano di resina applicata, sia più abbondante di quella generalmente richiesta ed utilizzare per i primi due strati, del tessuto di rinforzo in fibra di vetro a grammatura leggera(intorno agli 80 gr/mq).

Per adattare il tessuto di rinforzo a superfici a curvatura complessa è consigliabile tagliarlo a strisce e ad applicarlo a zone, sovrapponendole tra loro.

L'orientamento delle fibre non è importante, ma bisogna prestare attenzione a coprire uniformemente la superficie del modello e che non vi siano bolle d'aria tra il tessuto impregnato e lo stampo.

Successivamente ai primi strati leggeri, si può procedere stratificando con tessuti a grammatura superiore(Es: 300 gr/mq o superiore). Generalmente dovremmo aggiungere dai cinque ai dieci strati di tessuto di rinforzo.

Molti consigliano di utilizzare dei coloranti per resina, per evidenziare meglio eventuali bolle d'aria, errori di posizionamento ed imperfezioni.

Una volta completato il ciclo di indurimento della resina, lo stampo femmina andrà analizzato, procedendo applicando ulteriori strati di rinforzo se si individuano zone in cui esso risulta poco robusto.

Per inspessire e irrobustire lo stampo, si può ricorrere alla lana di vetro(mat), impregnandola con la resina, mediante dei rulli.

Il vantaggio di quest'ultima è il basso costo, parametro rilevante, quando si debbono realizzare stampi di dimensioni importanti. In alcune applicazioni viene utilizzata sabbia o segatura, mescolate con la resina, per inspessire e irrobustire lo stampo.

Più grande sarà lo stampo creato, più tenderà a deformarsi. Quindi prima di rimuovere il semi-stampo femmina dal matrice, si dovrà procedere irrobustendo meccanicamente lo stesso con flange e supporti creati ad hoc, in legno o alluminio.

Per stampi importanti e grandi si procede installando esternamente una struttura o telaio metallico, con tanto di gambe, per appoggiare così il tutto al pavimento in modo sicuro e stabile.

Stampo fusoliera completo(foto Google)

Quando la semi-parte dello stampo femmina sarà pronta, andrà estratta delicatamente dalla matrice, utilizzando dei cunei in plastica e dei getti di aria compressa. Lo stesso procedimento andrà eseguito per l'altra semi-parte. Le semi-parti estratte andranno ripulite e ispezionate accuratamente. Eventuali imperfezioni andranno riparate con impasto dry-micro e levigate.

Il livello di finitura superficiale può variare a seconda del tipo di applicazione. In molti casi, dopo aver affrontato correttamente le fasi descritte, potremmo considerare il livello di finitura sufficiente per l'applicazione interessata.

Tuttavia in alcuni casi è richiesta la superficie a "specchio", in questo caso si procederà applicando vernici a spruzzo di fondo, carteggiando e levigando più volte fino ad ottenere il risultato desiderato. Come ultima mano andrà applicata una vernice poliuretanica bi-componente, oppure del gelcoat epossidico a spruzzo.

Avremmo ottenuto così due semi-stampi, una sorta di "gusci", che consentiranno di riprodurre le parti interessate.

Stampaggio scafo(Foto fonte Google)

Come si può constatare, la mole di lavoro per realizzare uno stampo femmina di qualità è piuttosto rilevante. Spetta all'utilizzatore finale la scelta del metodo da utilizzare, ponderando attentamente i tempi ed i costi da affrontare in merito.

Finitura dei manufatti

Quando si realizzano dei manufatti, indipendentemente dal processo di lavorazione, si dovrà procedere alla fase finale di finitura dello stesso.

La finitura sarà più o meno onerosa. dal punto di vista del tempo di lavorazione, a seconda del processo di laminazione adoperato. Potrà risultare per alcuni aspetti una delle più spiacevoli, in quanto durante le fasi di levigatura e carteggiatura, si generano polveri finissime, che contaminano l'ambiente di lavoro e se respirate senza adeguate protezioni potrebbero nuocere alla salute.

Si raccomanda per questa fase di indossare protezioni per l'apparato visivo e respiratorio, ed anche una tuta protettiva.

Tale fase andrà comunque affrontata con la massima cura, altrimenti si potrebbe pregiudicare tutto il lavoro effettuato in precedenza.

In sostanza in questa fase dovremmo improvvisarci un po' "carrozzieri".

Migliore sarà il livello di finitura e maggiore sarà il risultato estetico.

Faremo riferimento a prodotti descritti nel Cap."ADDENSANTI E RIEMPITIVI".

Stuccatura

Dopo avere ripulito il manufatto da eventuali sostanze distaccanti provenienti dal processo di stampaggio, si procede all'analisi delle superfici.

Se sono presenti poche irregolarità, si può procedere stuccando le zone incriminate con una mescola del tipo Dry-Micro o con stucco poliestere da carrozzieri.

Per approfondimenti consultare il Capitolo "Tutorial 3 - La stuccatura con microsfere in vetro".

Verniciatura

La fase di verniciatura è sempre molto critica e in caso di manufatti di grandi dimensioni può rivelarsi difficoltosa. Se il manufatto ha un elevato valore aggiunto, è meglio rivolgersi a uno specialista del settore, quindi ad un carrozziere. Dobbiamo però tener presente che i manufatti in materiale composito, a differenza di quelli realizzati in metallo, di solito non vengono verniciati a forno, in quanto le bolle d'aria che uscirebbero dai pori del manufatto, durante la fase di riscaldamento della vernice, comprometterebbero la qualità della verniciatura stessa. Tuttavia una preparazione attenta del fondo dovrebbe ovviare a questo problema.

In alternativa si procederà a verniciare a spruzzo autonomamente, il manufatto realizzato.

Verniciatura carenatura in materiale composito(Foto fonte Google)

Per ottenere una buona verniciatura è necessario disporre di un aerografo o pistola per verniciare di qualità, ed una buona manualità per tale fase. La pratica nella verniciatura a spruzzo può essere migliorata, prima di agire sul manufatto, esercitandosi su parti semplici e complesse, evitando così spiacevoli errori di inesperienza.

Per prima cosa si deve applicare una o più passate di vernice di fondo o primer, che è una sorta di stucco a spruzzo molto fine, generalmente a base acrilica bi-componente. Questa vernice di colore chiaro, grigio o beige, una volta applicata va levigata e lisciata carteggiando ad acqua le superfici.

Solo quando si ritiene che il manufatto presenti una base lucida ed esente da imperfezioni, si procederà alla verniciatura finale.

Per la verniciatura si consigliano vernici per applicazioni automobilistiche, del tipo poliuretanico bi-componente.

Questi prodotti garantiscono un elevato grado di resistenza agli agenti atmosferici.

Una volta scelto lo schema di colorazione del manufatto si procederà applicando più mani di vernice.

Come finitura finale è consigliabile applicare una o più mani di vernice trasparente o lucida, sempre a spruzzo.

Pagina Lasciata Intenzionalmente Vuota

PROGETTAZIONE E CALCOLI DI BASE

Introduzione

Tratteremo ora dei semplici calcoli empirici utili durante le fasi di lavorazione e in fase di acquisto dei materiali. Consentiranno di stimare le masse e gli spessori del laminato.

Calcolo delle quantità dei materiali necessari alla laminazione

Stima della quantità di resina richiesta per realizzare un laminato

Con questa semplice formula di può stimare il quantitativo di resina necessario per una data superficie di laminazione. Utile per valutare il quantitativo di resina per realizzare i manufatti:

$$Mt = \frac{(A \times Ns \times Mf \times Cr)}{(1 - Cr)} \times 1,5$$

Dove:

    Mt = Quantità di resina da miscelare(resina+indurente) (gr)
    A = Superficie del laminato(m²)
    Ns = Numero strati tessuto di rinforzo
    Mf = Grammatura ogni strato di tessuto di rinforzo(gr/m²)
    Cr = Rapporto quantità di resina / tessuto di rinforzo
    Valori tipici di Cr per le laminazioni manuali:

Tessuto di Rinforzo	Cr
Fibra di Vetro	0,46
Carbonio	0,55
Aramidica	0,61

<u>*NOTA:*</u> *In caso di laminazione sottovuoto Cr si abbassa solitamente del 10-15% rispetto a quelle manuali.*

Nel Cap."Tabella stima quantità di resina per laminazione manuale" sono riportati dei valori di riferimento.

Esempio di calcolo con la formula di sopra:

$A=1,2\ m^2$ $Ns=4$ $Mf=200gr/m^2$
$Cr=0,55$

$$Mt=(\ (1,2\times 4\times 200\times 0,55)\ /\ (1-0,55)\ )\ \times 1,5=1760\,gr$$

Stima della quantità di Gelcoat richiesta per una superficie

Con questa semplice formula di può stimare il quantitativo di gelcoat necessario per una data superficie di laminazione:

$$Mt=\frac{(A\times h\times \rho m)}{1000}\times 1,5$$

Dove:

Mt = Quantità di gelcoat da miscelare(resina+indurente) (Kg)
A = Superficie del laminato(m²)
h = Spessore finale desiderato(μm)
ρm = Densità della matrice in resina(gr / cm³)

Stima delle proporzioni e dimensioni del laminato

Definizioni:

RFV = Rapporto fibre per volume
RFM = Rapporto fibre per peso
CSL = Spessore del lamianto calcolato(mm)
ρc = Densità del laminato(gr / cm³)
ρm = Densità della matrice in resina(gr / cm³)
ρf = Densità del tessuto di rinforzo(gr / cm³)
Mf = Grammatura ogni strato di tessuto di rinforzo(gr /m²)

Calcolo rapporto fibre per volume con densità dei materiali note

La formula sottostante permette di calcolare il rapporto fibre per volume del laminato, note la densità del laminato, del tessuto di rinforzo e della resina.
Maggiore sarà, migliore sarà la qualità del laminato:

$$RFV = \frac{(\rho c - \rho m)}{(\rho f - \rho m)}$$

Calcolo rapporto fibre per volume noto il volume del tessuto di rinforzo

La formula sottostante permette di calcolare il rapporto fibre per volume del laminato, noto il il rapporto fibre per peso del laminato e la densità del tessuto di rinforzo e della resina, maggiore risulterà, migliore sarà la qualità del laminato:

$$RFV = \frac{1}{\left[1 + \dfrac{\rho f}{\rho m} \times \left(\dfrac{1}{RFM - 1}\right)\right]}$$

Calcolo rapporto fibre per peso noto il rapporto fibre per volume del tessuto di rinforzo

La formula sottostante permette di calcolare il rapporto fibre per peso del laminato, noto il rapporto fibre per volume del tessuto di rinforzo e le densità, maggiore sarà, migliore sarà la qualità del laminato:

$$RFM = \frac{\rho f \times RFV}{\left[\rho m + \left((\rho f - \rho m) \times RFV\right)\right]}$$

Calcolo spessore del laminato note le masse dello stesso

La formula sottostante permette di stimare lo spessore del laminato, note grammatura, densità del tessuto di rinforzo e rapporto fibre per volume:

$$CSL = \frac{Mf}{\rho f \times RFV \times 1000}$$

VERIFICHE DEI LAMINATI

Introduzione

La verifica qualitativa dei laminati in materiale composito è un aspetto
spesso trascurato e talvolta anche difficoltoso da effettuare.
Nel settore delle auto-costruzioni spesso ci si limita ad ispezioni visive ed a
controlli di base.
Partendo dal presupposto che le fasi di progettazione, selezione dei materiali e di fabbricazione del laminato siano state effettuate correttamente, le ispezioni visive ed i test non distruttivi possono essere considerati come la base del controllo di qualità sui laminati.

Difetti di Laminazione dovuti al Processo Produttivo

Di seguito vengono riportate le principali cause di difetto introdotte nei processi produttivi:

- Contaminazioni dovute a particelle esterne, residui del peel ply, residui superficiali dei prepregs.
- Rotture di fibre o delaminazioni dovute al taglio di utensili e nel processo di foratura.
- Delaminazioni o separazioni di strati, dovute a scarsa compattazione degli stessi.
- Distribuzione non uniforme della matrice in resina o nel prepreg stesso, oppure dovuta a flusso non uniforme nel processo di polimerizzazione.
- Disallineamento delle fibre, oppure nel prepreg o a seguito del processo di lavorazione.
- Insoddisfacente grado di polimerizzazione, a seguito di un errato ciclo di indurimento.
- Ondularità, superfici non piane, presenza di sacche di accumulo di resina.
- Vuoti, dovuti ad aria rimasta intrappolata all'interno del

laminato ed a gas sviluppati durante il ciclo di indurimento.

- Mancanza di inserimento di uno o più strati nel laminato.
- Discontinuità o sovrapposizioni di strati, sia in fase di stesura, sia nelle fasi di dimensionamento e taglio dei tessuti di rinforzo.
- Evidenti non uniformità di spessore sul laminato.

Prove non distruttive

Ispezioni visive

Nel paragrafo precedente abbiamo visto le cause e le tipologie dei difetti principali che si possono riscontrare nella fabbricazione di un laminato.
Buona parte di essi sono rilevabili tramite l'ispezione visiva e tramite i controlli dimensionali dei manufatti.
Quando i difetti sono presenti all'interno delle sezioni del laminato si deve ricorrere a metodi più complessi di seguito descritti.

Prova del tocco

Questo è uno dei metodi più comuni ed economici, per determinare vuoti e difetti in laminati. Il metodo consiste nel picchiettare delicatamente sulla superficie del laminato con un oggetto duro, di solito una moneta o un martelletto, ed ascoltare un eventuale cambiamento nel tono e volume del suono prodotto dal tocco.
Tale metodo risulta facile, rapido ed economico, ma richiede una discreta esperienza da parte dell'operatore e non è applicabile a tutti i tipi di laminato e ai soli tessuti di rinforzo.

Ultrasuoni

Risuta simile al metodo del tocco sopra descritto, ma utilizza frequenze utra-soniche non udibili dall'orecchio umano (Es. : Freq. superiore a 20.000 Hz). Il segnale ultrasonico è trasmesso alla parte da ispezionare tramite un trasduttore, l'eco dell'impulso è ricevuto dallo stesso trasduttore,oppure da un'altro trasduttore di ricezione posto sulla faccia opposta della parte.

Le recenti tecnologie hanno reso disponibili sul mercato unità ad ultrasuoni che consentono l'accoppiamento in aria.

Il vantaggio di questo metodo è che permette di rilevare la maggior parte dei difetti, quindi di fornire una informazione tridimensionale di un potenziale difetto.

La risoluzione di misura dipende dalla velocità di spostamento del traduttore.

Richiede una buona preparazione da parte dell'operatore per l'interpretazione delle misure e non è utilizzabile per i soli tessuti di rinforzo.

Tomografia computerizzata

Detta CT Scanning, effettua una scansione a raggi X attraverso la parte da ispezionare. Tale operazione viene effettuata da diverse angolazioni, costruendo così una immagine tridimensionale della parte. Mostrando così le dimensioni e posizioni di eventuali difetti.

Permette così una grande precisione e risoluzione di misura, lo svantaggio è l'elevato costo della strumentazione necessaria e rischi per la salute dovuti ai raggi X.

Termografia

Quì la parte da controllare viene riscaldata, di solito con una lampada flash e tramite una fotocamera all'infrarosso viene rilevata la conducibilità termica della parte. In presenza di difetti saranno visibili delle variazioni sull'immagine infrarossa.

Il sistema di misura è semplice e veloce da attuare. Tuttavia il costo della strumentazione richiesta è piuttosto elevato e non è possibile rilevare difetti su grandi spessori del laminato.

Radiografia

Anche in questo caso si fa utilizzo dei raggi X, infatti vengono sparati sulla superficie della parte e poi raccolti dalla sezione ricevente sull'altro lato. Materiali diversi assorbono diverse quantità di radiazioni, evidenziando così i difetti del laminato.

Per rilevare crepe o delaminazioni si utilizzano in aggiunta i liquidi penetranti.

Il sistema è semplice e rapido con un ottima risoluzione, anche qui   lo svantaggio è l'elevato costo della strumentazione necessaria ed i rischi per la salute dovuti ai raggi X.

Prove distruttive

Al fine di verificare la sollecitazione consentita da un laminato, prevista
dai requisiti di progetto e dal metodo di fabbricazione dello stesso, si
effettuano delle prove meccaniche su dei campioni di materiale.
Di solito si utilizzano dei metodi specificati da delle normative di riferimento come vedremo di seguito.

Prove meccaniche

Per i materiali compositi, i metodi di prova applicabili sono praticamente infiniti.

La scelta del metodo varia a seconda del tipo di materiale, dalle sue proprietà e dal tipo di attrezzature di cui si dispone.

I fattori ambientali di prova, quali temperatura e umidità, ed i processi di post-cura del laminato, possono influenzare notevolmente i risultati rilevati.

Di seguito sono elencati i metodi di prova per i laminati semplici, con la relativa norma di riferimento raccomandata:

METODO E PROPRIETA'	STANDARD RACCOMANDATO
Prova a Trazione - Unidirezionali	BS EN ISO 527-5 & 1
Prova a Trazione - Multiassiali	BS EN ISO 527-4 & 1
Prova a Compressione	BS EN ISO 14126
Prove a Flessione	BS EN ISO 14125
Prove di Sollecitazione Interlaminare	BS EN ISO 14130
Prove a Taglio	BS EN ISO 14129
Prove a Fatica	ISO/CD13003
Coefficiente di Espansione Lineare	ISO11359-3
Vuoti resina-tessuto in fibra di Vetro	ISO 1172 / ISO 7822
Vuoti resina-tessuto in fibra di Carbonio	ISO 14127

Di seguito sono elencati i metodi di prova per i laminati a sandwich, con la relativa norma di riferimento raccomandata:

METODO E PROPRIETA'	STANDARD RACCOMANDATO
Prove a Flessione	ASTM C 393
Prove a Taglio	ISO 1922 / ASTM C 273

Questa è solo una parte dei metodi di prova disponibili per caratterizzare meccanicamente un laminato in composito.

Nelle fasi di prova e validazione di un laminato, è molto importante scegliere il corretto sistema di prova. Infatti le procedure sono molto costose e spesso richiedono tempi di preparazione e attuazione piuttosto rilevanti.

Pagina Lasciata Intenzionalmente Vuota

REALIZZAZIONI PRATICHE

Quando si parla della realizzazione di manufatti in materiale composito, trovo appropriato fare il paragone con il settore culinario. In particolare mi riferisco per alcuni aspetti alla preparazione di un piatto o di un dolce, seguendo una ricetta, rispettandone gli ingredienti, le quantità ed i tempi di cottura.

Anche nel caso dei materiali compositi, la qualità dei prodotti utilizzati(ingredienti di una ricetta) influisce sulla qualità del manufatto finale. Inoltre il corretto dosaggio dei prodotti chimici, come le quantità per i dolci, è molto importante per avere un risultato finale di qualità.

Non ultimi, i tempi di indurimento della matrice in resina e le temperature mantenute durante questa fase, tali parametri sono imperativi al fine di ottenere risultati adeguati alle aspettative; proprio come nel caso della corretta ed accurata cottura di un buon cibo.

Di seguito troverete varie esercitazioni pratiche (Tutorials), che consentiranno di apprendere praticamente, come realizzare dei manufatti in materiale composito, ogni tutorial è classificato con un livello di difficoltà da 1 a 5.

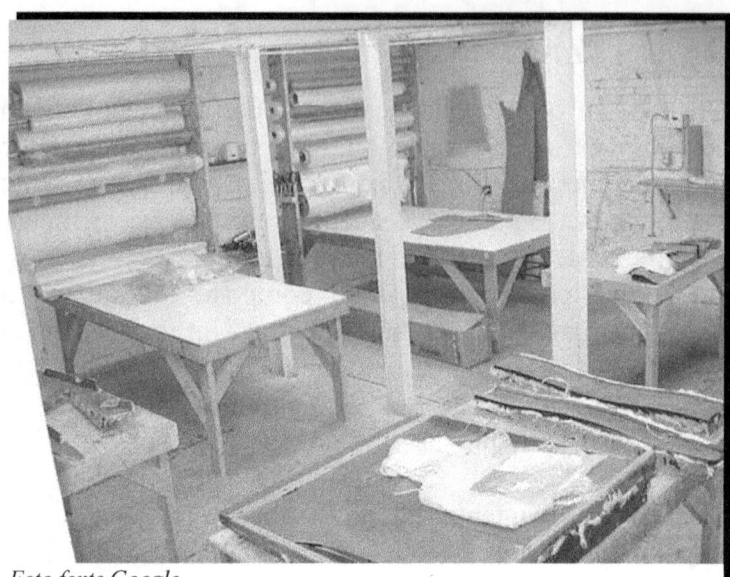

Foto fonte Google

Consigli generali

La maggior parte degli auto costruttori opera nel proprio garage domestico ed è quindi classificabile come "Garage Builder".

L'ambiente di lavoro(workshop) è la chiave di successo per creare manufatti di qualità. La preparazione dell'ambiente è fondamentale, investire tempo e denaro in spazio ed attrezzature è sempre un ottima scelta.

Ovviamente come spesso capita, lo spazio a disposizione non basta mai! Talvolta, questo si verifica solo per una errata gestione degli spazi disponibili.

Mensole, scaffali, scatole e contenitori sono dei veri salva spazio.

Un altro aspetto importante per le laminazioni, sono le condizioni ambientali. Ovvero la temperatura e umidità ambiente. Per ottenere i migliori risultati con le matrici in resina, si consiglia di effettuare le laminazioni con temperatura ambiente compresa tra i 15 e 30°C.

Mentre l'umidità dell'aria dovrebbe essere inferiore al 60%.

Per quanto riguarda le resine e altri prodotti chimici importanti è buona consuetudine annotare la data di acquisto e di apertura delle confezioni, riportandole con un pennarello indelebile sulle stesse. Nel caso si voglia essere ancor più meticolosi, può essere utile stampare e compilare una tabella analoga alla seguente:

NUMERO	PRODOTTO	DATA ACQUISTO	DATA APERTURA	DATA SCADENZA
1	Resina Epossidica XXX	05/01/16	10/02/16	10/08/16
2	Gelcoat Epossidico YYY	12/04/16	16/05/16	16/11/16

Questa tabella è inserita come modello in formato integrale, nel Cap."Tabella prodotti chimici", per poter essere eventualmente stampata.

Anche se sulle confezioni delle resine non è riportata una data di scadenza, personalmente, adotto come termine per le resine epossidiche, un anno dall'acquisto o sei mesi dall'apertura della confezione. Partendo dal presupposto che i prodotti siano stati conservati a temperatura ambiente compresa tra i 15 e 25°C e protette da raggi UV.

Questo metodo è importante quando si realizzano parti strutturali e si è impegnati in progetti a lungo termine che durano anni, in tal caso non è facile ricordare quanto sia vecchio un prodotto che abbiamo acquistato.

Quando si eseguono lavorazioni e progetti a lungo termine, va considerato l'aspetto relativo alla documentazione del caso. Tutti hanno a disposizione almeno un dispositivo per scattare delle fotografie digitali. Documentare con fotografie le fasi del lavoro e le proprie realizzazioni può essere di aiuto nelle fasi successive, immortalando così, dettagli che talvolta potremmo erroneamente considerare trascurabili. Ovviamente trascrivere dimensioni, annotazioni e riferimenti su un supporto cartaceo è sempre una buona regola.

Nei paragrafi di seguito verranno elencate le attrezzature necessarie per effettuare le lavorazioni, per ognuna è indicata brevemente la funzionalità.

Vedremo poi le realizzazioni pratiche, esercitazioni facili da mettere in pratica ed alla portata di tutti.

Attrezzatura e utensili di base

 Bilancia digitale:
Dovrà essere dotata di risoluzione di 1gr o inferiore. Serve principalmente per preparare le dosi dei prodotti chimici prima della miscelazione(Es: resina epossidica) o per altre funzioni di misurazione del peso.

 Calcolatrice:
Serve per calcolare le dosi dei prodotti chimici.

 Cronometro o Orologio:
Utile per monitorare i tempi di lavorabilità delle resine, per rispettare quindi il pot-life. Può essere un cronometro, un orologio o altro, attenzione a non usare oggetti che potrebbero rovinarsi quando utilizzate resine o altri prodotti chimici.

Recipienti o bicchieri plastici per miscelazione prodotti chimici:
I prodotti chimici verranno miscelati all'interno di essi, porre attenzione alla compatibilità del prodotto chimico con il recipiente utilizzato.

 Spatole in plastica:
Si utilizzano per spalmare e distribuire correttamente sulle superfici la matrice in resina o altri impasti chimici.

Pennelli piatti:
Si utilizzano per spalmare e distribuire correttamente sulle superfici la matrice in resina ed i prodotti distaccanti.

Forbici da sartoria:
Questi utensili dall'ottimo taglio, si utilizzano per tagliare i tessuti di rinforzo in fibra di vetro e carbonio, oltre a altri materiali ausiliari in tessuto o film plastico. Il tessuto aramidico richiede invece utensili da taglio particolari.

Taglierino:
Viene utilizzato per tagliare e rifinire diversi materiali.

Metro a nastro:
Serve principalmente per definire le dimensioni di taglio dei tessuti di rinforzo o di altri materiali ausiliari.

Spatola per raschiatura:
Si utilizza per ripulire gli stampi e i piani di lavoro dopo i processi di laminazione.

Nastro carta(o da carrozziere) :
Nastro per applicazioni generali, si utilizza per fermare i tessuti di rinforzo, per mascherare zone da verniciare e tante altre applicazioni.

Nastro americano(Duct-tape) :
Nastro adesivo telato molto robusto, comunemente di colore grigio argentato e nero, in Italia è noto come nastro americano. Può avere moltissimi utilizzi, non si incolla alla resina epossidica.

Carta vetrata e tampone:
Dopo aver laminato i manufatti, spesso si rende necessario rifinire i bordi degli stessi con carta abrasiva, viene anche utilizzata per levigare materiali di anima.
La carta vetrata viene commercializzata in varie gradazioni.

Morsetti di fissaggio:
Molto utili in tutte le fasi di lavorazione e laminazione, ne servono scorte di vari tipi e dimensioni, praticamente indispensabili.

Stracci,Carta e Materiali per pulizia:
Durante le fasi di laminazione di sporcano con le resine superfici e utensili di lavoro, quindi è sempre necessario disporre di materiale per la pulizia.

Recipienti in vetro o metallici:
Si utilizzano per lavaggio utensili tipo pennelli,forbici, spatole, etc con solventi come l'acetone.
Potete utilizzare vecchi recipienti per generi alimentari, tipo barattoli marmellate e sughi.

Acetone puro:
Questo è il solvente più adatto al lavaggio degli utensili sporchi di resina epossidica. Attenzione perchè corrode la maggior parte dei materiali plastici, quindi va utilizzato fondamentalmente su parti metalliche.

Attrezzatura e utensili avanzati

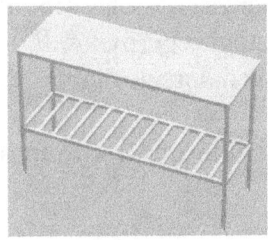

Banco o piano di lavoro:
Il piano di lavoro ha una funzione molto importante perchè permette di effettuare le fasi di laminazione in modo corretto e senza dover spostare o riposizionare il laminato e lo stampo in lavorazione.

In generale la dimensione perimetrale dipende da quella dei manufatti in lavorazione.

Un piano in legno è adatto a quasi tutte le applicazioni.

Un banco di dimensioni 3000mm x 800mm, con il piano posizionato a 800-900mm da terra è adatto alla maggior parte di applicazioni hobbistiche.

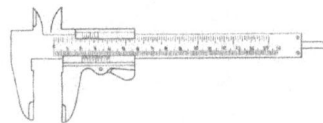

Calibro:
Si utilizza per varie misurazioni, molto utile per verificare gli spessori dei laminati.

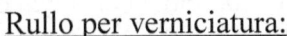

Rullo per verniciatura:
Può essere utilizzato come complemento o sostituto del pennello piatto per spalmare e distribuire correttamente sulle superfici, la matrice in resina. Utile per accelerare il lavoro quando si ha a che fare con manufatti con grandi superfici di laminazione.

Rotella taglia pizza:
Questo semplice utensile da cucina, può essere impiegato al posto delle forbici da sartoria per tagliare i tessuti di rinforzo compreso quelli aramidici.
Si ottengono dei tagli di ottima qualità.

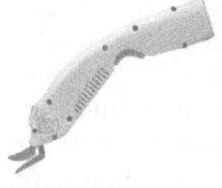

Forbici elettriche:

Questo utensile abbastanza costoso (intorno ai 100€), è molto utile in quanto permette di tagliare in modo preciso e senza sprechi tutti i tipi di tessuto di rinforzo.

Quindi è in grado di sostituire tutti gli utensili da taglio manuali citati in precedenza.

Compressore aria:

Abbinato ad aerografo e ad altri utensili ad aria compressa, quali una pistola di soffiaggio, si rivela un vario ausilio a tutte le fasi di lavorazione.

Aerografo:

Si utilizza come dispositivo per spruzzare l'agente distaccante sullo stampo e per il gelcoat.

Ovviamente viene anche utilizzato per il suo scopo tradizionale di verniciatura delle superfici.

Adesivo spray:

Prodotto molto utile per bloccare in modo temporaneo o permanente tessuti di rinforzo, ausiliari e anime strutturali durante le fasi di laminazione.

Si utlizza anche per incollare insieme blocchi di polistirene e altri tessuti.

Spugna abrasiva:

Si utilizza per levigare le superfici dei laminati a complemento della carta vetrata. Consente di levigare anche forme complesse ricalcandone le curvature. Come la carta vetrata esiste in varie gradazioni.

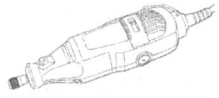

Elettroutensile da Fresatura e Taglio(tipo Dremel©):

Questo dispositivo corredato dai necessari utensili per la lavorazione, risulta molto utile se non indispensabile per le fasi di taglio e rifinitura di laminati estampi. Utilissimo per praticare fori, asole e aperture sui laminati.

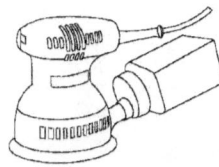

Levigatrice orbitale:

Molto utile nella fase finale di levigazione pre-verniciatura delle superfici dei manufatti.

Da preferire i modelli con platorello morbido, tipo quelli utilizzati dai carrozzieri.

Tale dispositivo è disponibile in commercio sia ad alimentazione elettrica, che pneumatica.

Montando dei dischi a grana fine è possibile preparare correttamente le superfici per la verniciatura.

Multimetro Digitale:

Come mostrato nel capitolo successivo, serve per verificare l'autenticità di un tessuto in carbonio.

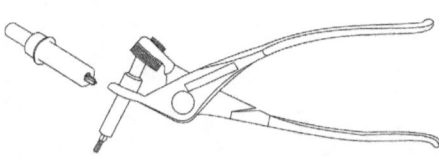

Imbastitori(Cleco):

Sono dei dispositivi a molla che hanno la scopo di mantenere due parti accoppiate tra loro in modo temporaneo, necessitano di un foro di installazione e di una apposita pinza per l'applicazione e rimozione.

Molto utili in fase di assemblaggio di varie parti quali pannelli e stampi.

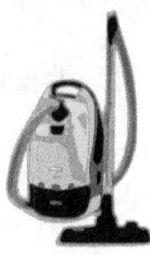

Aspirapolvere:
Durante le fasi di lavorazione e levigatura si crea diversa sporcizia e polvere. Questo elettrodomestico serve a mantenere l'ambiente di lavoro relativamente pulito e a evitare di respirare eccessive quantità di polveri nocive per la salute.

Dispositivi di sicurezza e protezione

I dispositivi sotto elencati, sono praticamente indispensabili in queste lavorazioni, specialmente nelle fasi di levigatura.

Le polveri che si generano con i tessuti in fibra di vetro e carbonio sono molto irritanti per gli occhi e la pelle, nonché tossici per l'apparato respiratorio.

Si raccomanda di farne utilizzo in tutte le fasi di lavorazione.

 Occhiali protettivi:
Ne esistono diversi modelli, da preferire quelli completamente chiusi ai lati dell'occhio.

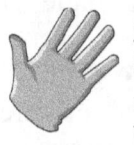 Guanti in lattice:
Sono indumenti consumabili che dovrete aver sempre a disposizione, in particolare quando si lavora con le resine.

Non tentate mai di riutilizzarli, una volta impiegati gettateli, il bassissimo costo non giustifica il rischio.

 Maschera protettiva respirazione:
Sono disponibili con livelli di protezione differenti, consigliate quelle a doppi filtri intercambiabili, le stesse che si utilizzano per le verniciature tipo carrozziera.

 Tuta protettiva:
Anche queste sono disponibili in vari modelli, vi sono quelle usa e getta e quelle lavabili. La scelta sarà soggettiva e legata al tipo di lavorazione da effettuare.

Lo stoccaggio dei tessuti di rinforzo e degli ausiliari di processo

Come sappiamo, i tessuti di rinforzo hanno un costo non trascurabile, in particolare quelli in carbonio. Inoltre nelle applicazioni strutturali non possiamo permetterci di realizzare dei manufatti laminati con tessuti di rinforzo non ben conservati o alterati da agenti atmosferici.

I nemici peggiori sono le polveri e l'umidità. Il corretto stoccaggio assume quindi un ruolo fondamentale.

I tessuti di rinforzo di solito vengono forniti confezionati, nel caso di piccole quantità, ripiegati in buste, altrimenti arrotolati in tubi e protetti da film plastici.

Una volta utilizzati per le laminazioni, i tessuti avanzati vanno confezionati di nuovo al meglio, per proteggerli dalle polveri presenti nell'ambiente di lavoro.

Per lo stoccaggio si consiglia un armadio ad ante o degli scaffali protetti da umidità e polvere. Molti consigliano di inserire una piccola lampada ad incandescenza, accesa in modo permanente, la quale funge da riscaldatore della zona di stoccaggio. Lo scopo di quest'ultima è ridurre l'umidità presente nell'aria, quindi aria secca equivale a mantenere i tessuti asciutti.

Anche gli ausiliari di processo vanno trattati con la stessa cautela dei tessuti di rinforzo, in questo caso si tratta quasi sempre di film plastici, quindi in nemico peggiore sono le polveri. Si raccomanda di utilizzare le precauzioni indicate per i tessuti di rinforzo, anche per questi prodotti.

Se è ritenuto necessario e si ha spazio a disposizione, si può realizzare l'attrezzatura mostrata di sotto tratta dal libro "Moldless Composite Sandwich Homebuilt Aircraft Construction":

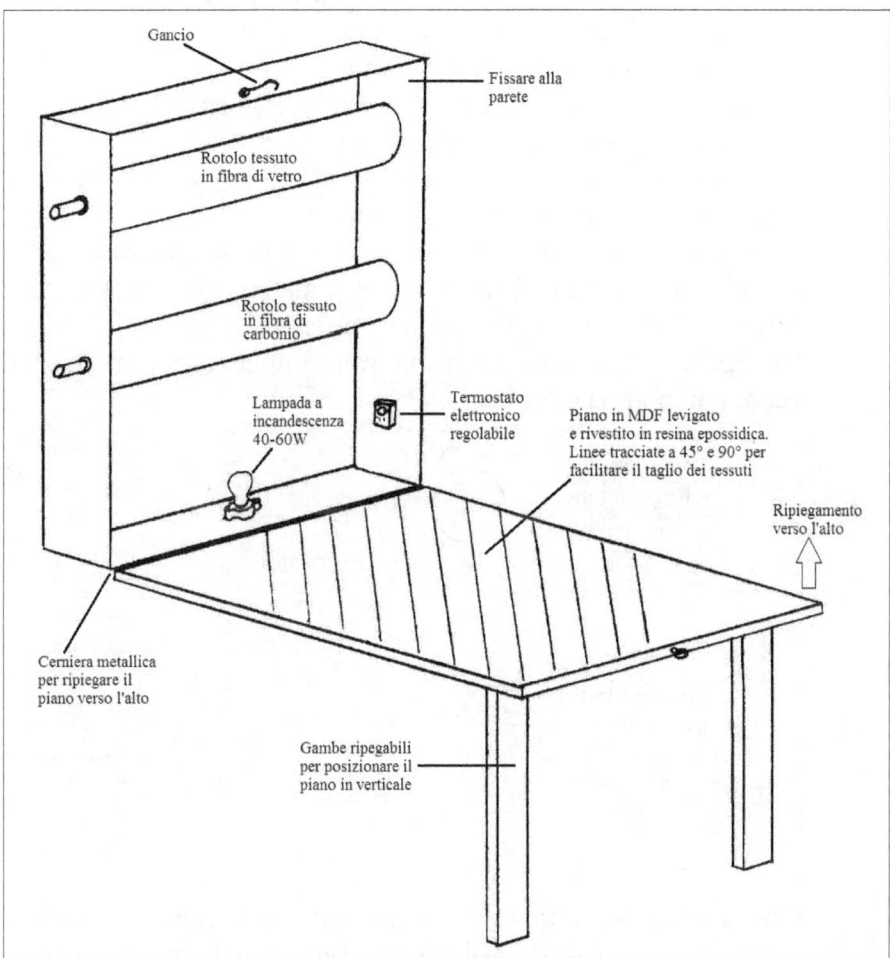

Questa consente di realizzare un sistema di stoccaggio e taglio dei tessuti di rinforzo con la stessa attrezzatura ed in spazi ridotti. Il piano quando è ripiegato in verticale protegge i tessuti, quando è orizzontale funge da piano di taglio.

Il termostato opzionale consente di regolare la temperatura a un valore prestabilito in modo automatico.

Impianto per laminazione sottovuoto con pompa

Quando si devono realizzare manufatti di un certo livello di finitura e qualità, diventa imperativo disporre di un impianto per la laminazione con la tecnica del vuoto.

Per la tecnica di processo si rimanda al Cap. "Laminazione con sacco a vuoto(Vacuum bag processing)".

Vi sono vari metodi e livelli di automazione per realizzare un impianto adatto alle proprie esigenze.

L'impianto può essere dotato di una pompa elettrica per vuoto, oppure di appositi dispositivi pneumatici che creano il vuoto partendo da una sorgente di aria compressa.

Di seguito è riportato lo schema di un impianto per la creazione del vuoto con pompa elettrica:

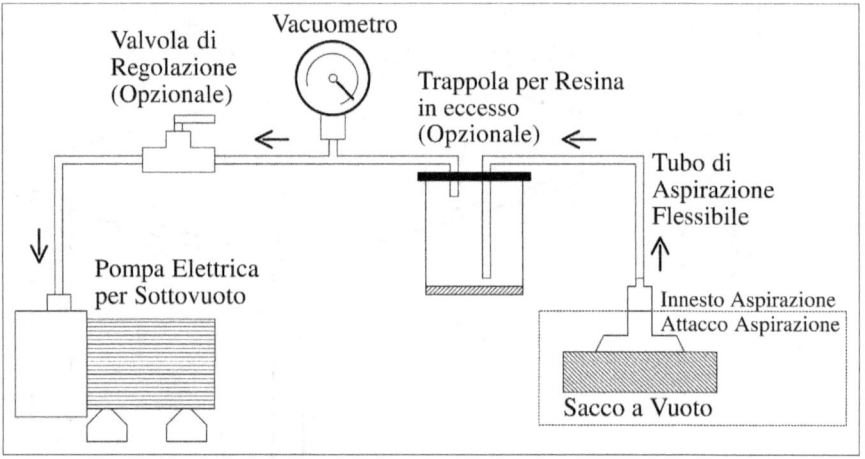

Fino a qualche anno fa gli auto-costruttori, convertivano i vecchi motori dei frigoriferi, trasformandoli in pompe a vuoto. Attualmente ritengo che le pompe per vuoto di commercio abbiano prezzi molto più accessibili rispetto al passato, quindi da preferirsi. Inoltre l'affidabilità e sicurezza garantiti da quest'ultime sono indiscutibili rispetto all'altra soluzione.

La valvola di regolazione serve quando è necessario variare il livello del vuoto generato nel sacco, quindi non in tutti i casi è necessaria.

Si possono utilizzare anche valvole di regolazione per pneumatica.

Il vacuometro consente di misurare il livello di vuoto nel sacco, utilissimo nella fase iniziale della laminazione sottovuoto, in quanto consente di verificare la presenza di perdite.

L'ideale sarebbe avere anche uno o più vacuometri, posizionati in vari punti del manufatto in laminazione, garantendo così il monitoraggio del vuoto in più posizioni.

La trappola per la resina(opzionale), consente di catturare eventuali residui di resina in eccesso aspirati dal sacco a vuoto, proteggendo la pompa e gli altri dispositivi a valle dalla contaminazione della matrice in resina.

Tale dispositivo può essere auto-costruito con recipienti metallici sigillati, oppure acquistata come prodotto in commercio.

Il tubo di aspirazione può essere quello utilizzato comunemente per gli impianti pneumatici.

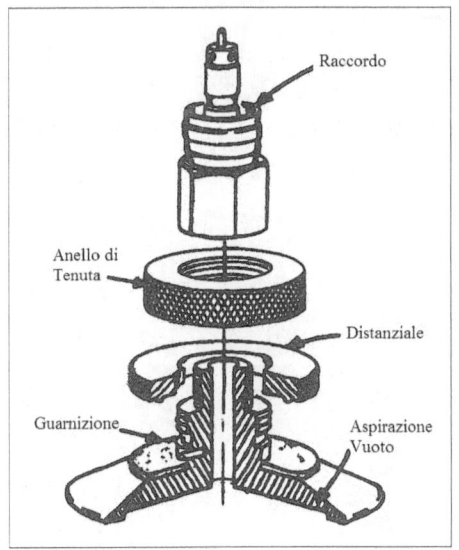

Mentre l'attacco e innesto di aspirazione del vuoto possono essere anch'essi auto-costruiti, ma se ne trovano in commercio a costo piuttosto abbordabile.

Pagina Lasciata Intenzionalmente Vuota

Tutorial 1 - Realizzazione di uno Stratificato Semplice

Livello di Difficoltà: *****
Tempo di Esecuzione: < 60 min.
Capitoli di Riferimento: "PROCESSI E METODI DI LAVORAZIONE", " PROGETTAZIONE E CALCOLI DI BASE", "Dispositivi di sicurezza e protezione", "Stampaggio di parti piatte", "Tutorial 4 - Tagliare e forare i manufatti composito".

Scopo: Apprendere le nozioni di base della laminazione, realizzando uno stratificato semplice.
L'utilizzo della fibra di vetro consente un approccio più facile, essendo di colore molto chiaro, permette di comprendere facilmente il suo stato e livello di impregnazione. Mentre con la fibra di carbonio ciò richiede manualità ed esperienza superiore.
Si consiglia di indossare guanti in lattice protettivi durante la laminazione e di effettuare le operazioni in ambiente ventilato con temperatura ambiente compresa tra 15 e 30°C.

PRODOTTI E ATTREZZATURA NECESSARIA	Q.TÀ
Tessuto in fibra di vetro bilanciato da 290 gr/m²	1m²
Resina epossidica bicomponente per stratificazione	500 gr
Alcool Polivinilico	0.25 lt
Acetone	1 lt
Pennello piatto piccolo	1
Recipiente o bicchiere in plastica	1
Recipiente o bicchiere in vetro	1
Forbici da sartoria	1
Pennarello di colore nero	1
Bilancia	1
Calcolatrice	1
Guanti in lattice	1
Lastra in vetro o policarbonato 300x200mm Sp.4mm	1

Lama seghetto per metallo	1
Stecca in legno per mescolare	1
Carta vetrata 800	1

Realizzazione:

1. Tagliare tre pezzi di tessuto con geometria rettangolare, con le forbici come mostrato di sotto di (dimensioni rettangoli 250x150mm):

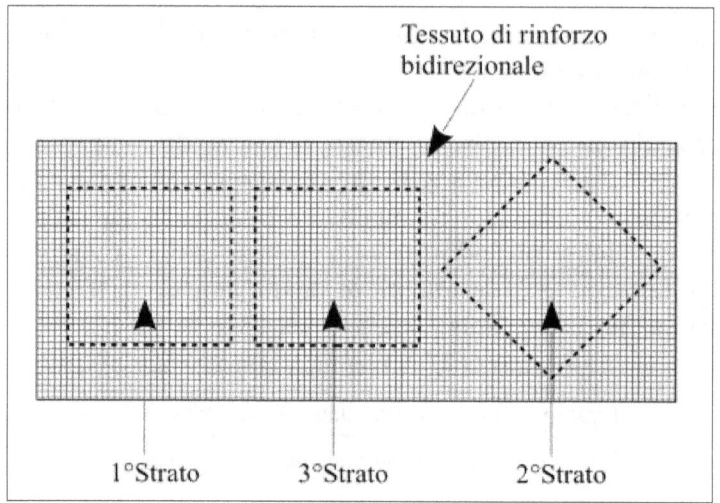

Due dovranno avere le fibre orientate a 0/90°, mentre il secondo strato dovrà avere le fibre orientate a 45°.

Per tagliare il tessuto tracciare le linee perimetrali con un pennarello, righello e squadra.

2. Preparare la lastra di supporto pulendola e trattandola con alcool PVA o altro agente distaccante.

3. Bloccare la lastra al piano di lavoro con nastro adesivo.

4. Preparare la resina epossidica dosando la quantità con la bilancia e rispettando il rapporto di miscelazione in peso indicato dal produttore. Aggiungere le parti nel recipiente in plastica, dosando prima la parte A e poi la B. Mescolare quindi il tutto per almeno un minuto con una stecca di legno o utensile simile.

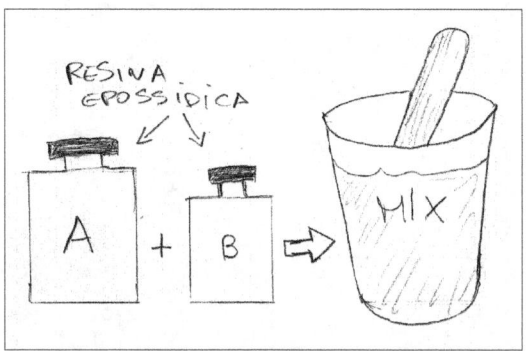

5. Lasciare riposare la resina miscelata per qualche minuto per far si che parte delle bolle d'aria presenti nel composto evaporino.
6. Nel frattempo posizionare il primo strato di tessuto sulla lastra, facendo attenzione che non si formino delle pieghe.

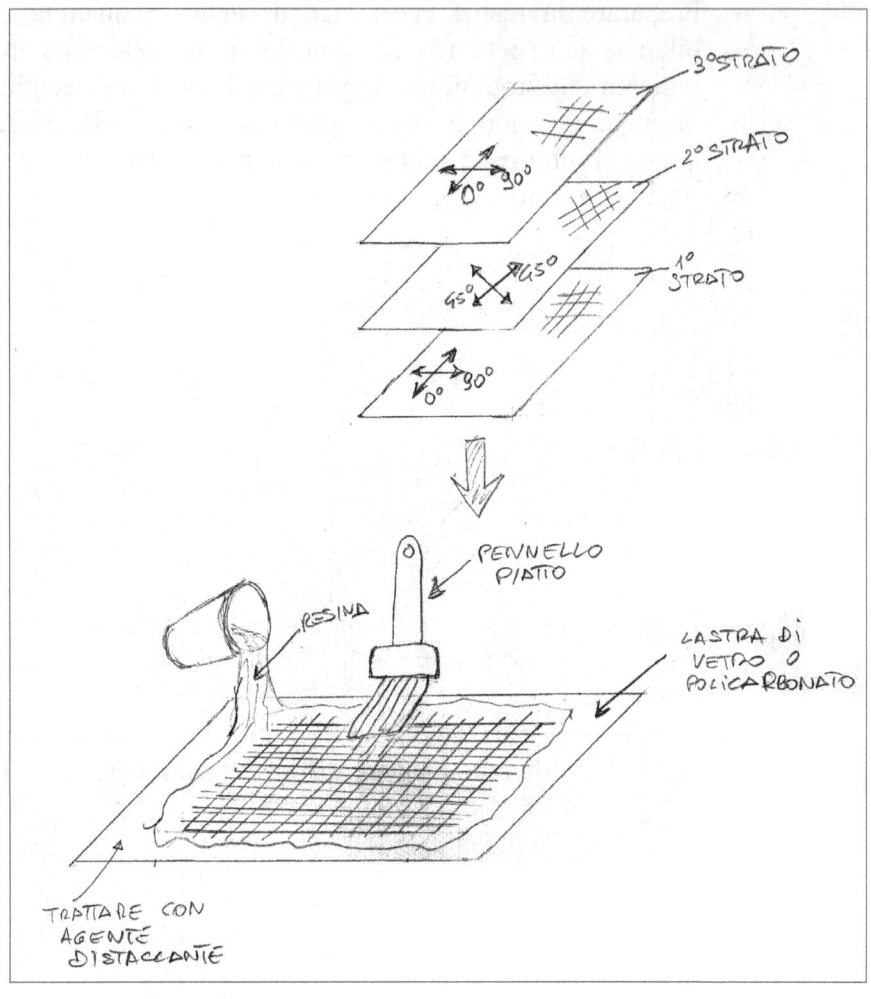

7. Colare lentamente poca resina sul tessuto e cospargerla uniformemente sul tessuto con il pennello. Quando tutto il tessuto sarà impregnato in modo uniforme, procedere applicando gli strati successivi effettuando le stesse operazioni.

8. Verificare che non vi siano bolle e vuoti d'aria sul laminato, in tal caso procedere rimuovendole facendo pressione con il pennello e se necessario, aggiungendo un po di resina.

Completare il processo prima che la resina non raggiunga il

tempo di gelificazione.

9. Pulire il pennello e gli utensili sporchi di resina epossidica con acetone, utilizzando il recipiente in vetro.
   Per tale scopo vanno bene anche vecchi barattoli per alimenti(marmellate, sughi, etc.)

10. Attendere l'indurimento della resina, solitamente è necessario un intervallo di almeno 24H con temperatura ambiente intorno ai 25°C.

11. A ciclo di indurimento completo, rimuovere il laminato dalla lastra, staccandolo lentamente.

12. Tracciare le linee perimetrali con il pennarello e tagliare le due parti con la lama da seghetto, o con un seghetto ad arco, oppure con il Dremel©, le dimensioni perimetrali saranno 200x100mm:

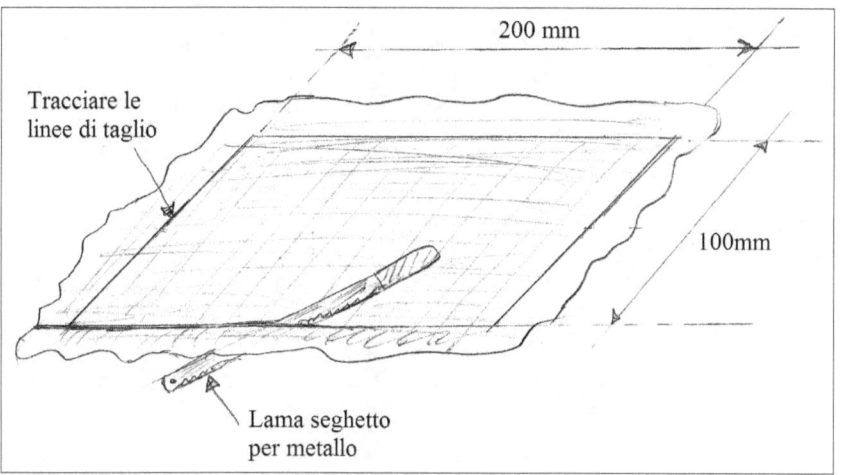

13. Carteggiare e rifinire i bordi delle parti tagliate.

Verifica del Manufatto:

Ispezionare il manufatto appena realizzato, aiutandosi con una lampada luminosa ed una lente.

Le superfici dovranno presentare un colore uniforme. La presenza di bolle d'aria indica un errata laminazione.

La superficie inferiore a contatto con la lastra durante la fase di laminazione, sarà più liscia e levigata dell'altra.

Per verificare indirettamente se è stata impiegata la giusta quantità di resina in fase di laminazione dovreste avere un calibro per misurare lo spessore dei manufatti.

Un tessuto in fibra di vetro bilanciato da 290 gr/m², generalmente presenta uno spessore nominale di 0,23mm. Considerando come riferimento, un rapporto del 50% tra matrice in resina e tessuto di rinforzo, in una laminazione manuale, possiamo considerare il manufatto realizzato correttamente se presenta uno spessore intorno a 1,40mm.

Valori più alti indicano un eccesso di matrice in resina, viceversa una mancanza.

Ripetete l'esercizio finché non otterrete i risultati previsti.

Potreste anche effettuare tale verifica con una bilancia, essendo noti il peso degli strati di tessuto, della resina e la superficie del laminato.

Varianti del Tutorial:

- Ripetere l'esercizio sostituendo il tessuto in fibra di vetro con quello in carbonio da 200 gr/m².

- Ripetere l'esercizio sostituendo il tessuto in fibra di vetro con quello in fibra aramidica da 170 gr/m².

- Ripetere l'esercizio aggiungendo una lastra anche per la faccia superiore del laminato, realizzando così un laminato con due facce lisce e levigate. Sulla lastra superiore andrà applicata una massa di circa 10Kg o superiore, per tutta la fase di indurimento della resina e applicando anche su di essa l'agente distaccante:

Tutorial 2 - Lavorare con il polistirene

Livello di Difficoltà: ******
Capitoli di Riferimento: "MATERIALI PER ANIME",
"ADDENSANTI E RIEMPITIVI", "Dispositivi di sicurezza e
protezione".

Scopo: Apprendere le nozioni necessarie per utilizzare e lavorare in
vari modi il polistirene estruso ed espanso.
Prima di effettuare le operazioni indicate successivamente, si
raccomanda l'utilizzo di protezioni per l'apparato respiratorio, visivo,
di indossare guanti e indumenti protettivi.

Note Generali: Questo materiale, che abbiamo citato e visto
ripetutamente nel manuale, risulta molto utile, versatile ed
economico per il settore dei materiali compositi.
Personalmente utilizzo sempre il tipo estruso, ovvero quello a cella
chiusa, perchè ha caratteristiche superiori da tutti i punti di vista, ma
con un costo più elevato rispetto a quello espanso.
In commercio viene impiegato come isolante termoacustico in
edilizia, è reperibile in lastre di 1250 x 600mm, con spessori da 20
ad 80 mm.
Il polistirene estruso può essere utilizzato per realizzati laminati a
sandwich, per creare stampi maschio o femmina, per realizzare le
matrici di stampi femmina, per effettuare riparazioni di manufatti e
tante altre applicazioni.
Di seguito descriveremo come sagomare e modellare il polistirene.

Taglio e modellazione manuale: Indipendentemente dall'applicazione a cui è destinato, questo materiale è molto facile da lavorare e modellare per le nostre applicazioni. Tuttavia si deve porre attenzione al fatto, che trattandosi di materiale morbido(schiume estruse o espanse), si dovrà procedere con una certa delicatezza quando si lavora con questi, infatti è abbastanza facile danneggiare le forme create. Anche se, come vedremo in seguito, tali danni possono essere facilmente riparati.

Per i tagli semplici e quando si ha a che fare con lastre di spessore compreso tra i 20 e 40mm, si può utilizzare un buon taglierino, oppure un coltello da cucina.

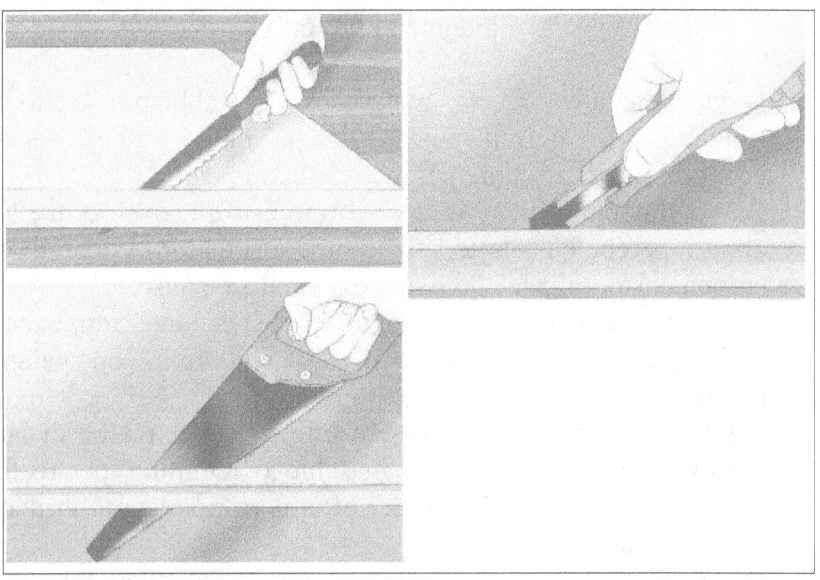

Una volta tagliata la parte con il perimetro previsto, si procede a modellarla levigandola con carta vetrata e spugna abrasiva, fino ad ottenere la forma finale desiderata.

Quando si ha a che fare con lastre di spessore elevato, si può tagliare con un seghetto, ma per ottenere tagli netti è più consigliabile il metodo di seguito.

<u>Taglio con Filo a Caldo:</u> Questo metodo è il più comune per tagliare correttamente il polistirene sia espanso che estruso, viene utilizzato anche nel settore industriale, dove speciali macchine a controllo numerico effettuano tagli di blocchi bidimensionali e tridimensionali.

Nel nostro caso dovremmo auto-costruire una sorta di archetto elettrico per il taglio con filo a caldo, qualcosa si trova anche in commercio già pronto all'uso.

Di seguito lo schema di principio per realizzarlo, le dimensioni delle parti non sono riportate perchè dipendono dalle vostre esigenze:

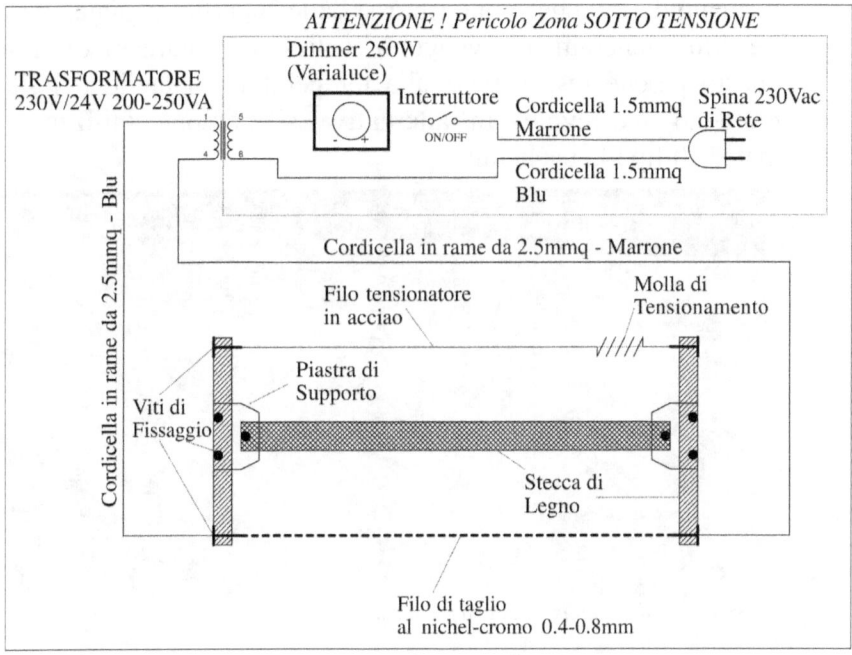

ATTENZIONE! Il circuito elettrico presenta parti sotto tensione in grado creare gravi danni alla salute, se non siete sicuri o pratici di apparecchiature elettriche con alimentazione a 230Vac, fatevi aiutare da persone più esperte o non realizzate assolutamente tale dispositivo.

L'archetto descritto è molto utilizzato per tagliare le ali in polistirene degli aeromodelli ed anche per l'auto-costruzione di aerei sportivi ed ultraleggeri.

Concettualmente si applicano delle dime di profilo, create appositamente, alla lastra in polistirene da modellare. Si procede quindi seguendo il profilo delle dime con il filo a caldo dell'archetto. La velocità di avanzamento del filo e la sua temperatura di taglio, andranno ricavate con test sperimentali.

Dopo aver effettuato il taglio a caldo, è quasi sempre necessario procedere ad una carteggiatura superficiale delle parti, in quanto si formano dei fili che vanno rimossi dalle superfici tagliate.

Le dime generalmente vengono realizzate in lamiera di alluminio, questo perché resiste bene alla temperatura di taglio del filo ed è piuttosto scorrevole. In alternativa si possono utilizzare anche materiali tipo la bachelite.

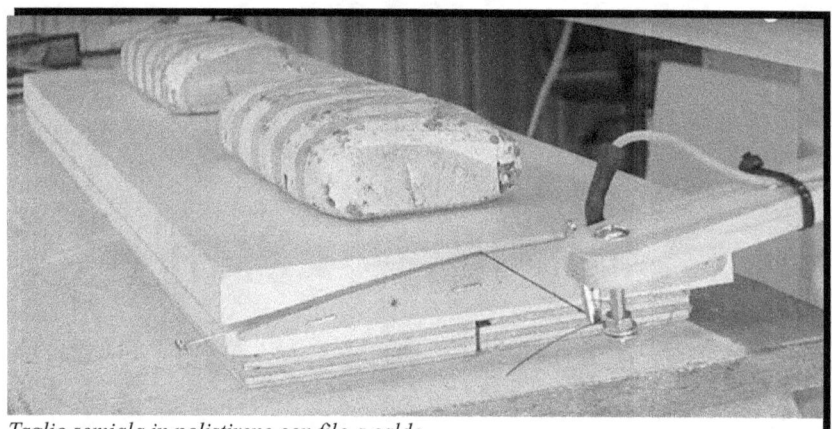

Taglio semiala in polistirene con filo a caldo

<u>Lavorazioni con macchine CNC</u>: Chi ha a disposizione una fresa o pantografo a controllo numerico, potrà lavorare il polistirene con questa.

Ho realizzato una fresa a 3 assi a corsa lunga, appositamente per lavorare il polistirene e altri materiali morbidi, in questo modo ho automatizzato molto la realizzazione di stampi e parti in polistirene e altre anime strutturali, migliorando così la precisione dimensionale dei manufatti finali.

La macchina è controllata da un PC con sistema operativo Linux ed apposito software di controllo dedicato.

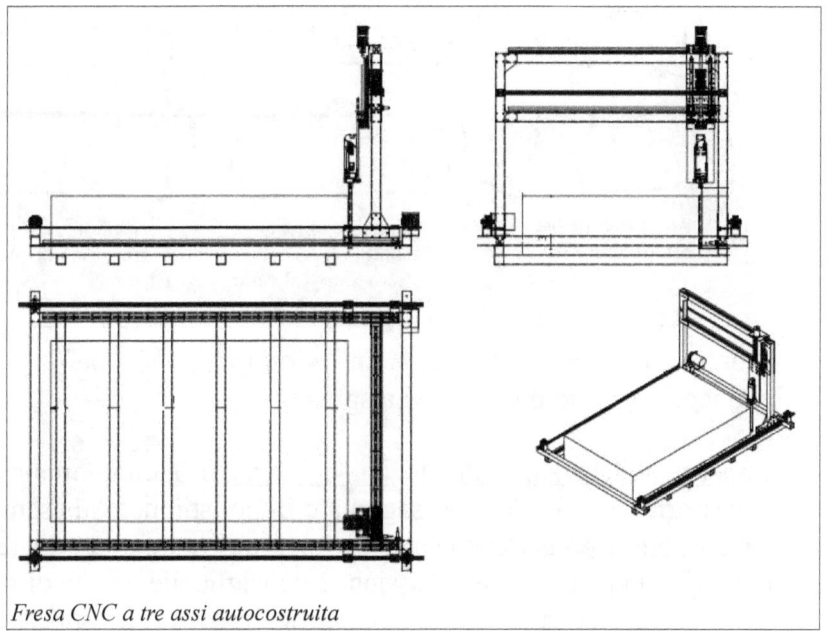

Fresa CNC a tre assi autocostruita

<u>Incollaggio di blocchi o lastre:</u> Spesso capita che lo spessore delle lastre o blocchi in polistirene disponibili, sia troppo ridotto per le nostre applicazioni. Quindi si rende necessario aumentarlo. Per fare ciò, si possono incollare più lastre, una sopra l'altra, fino ad ottenere lo spessore finale desiderato.

In caso di applicazioni in cui l'anima in polistirene abbia funzioni strutturali, si procede incollando le lastre con un impasto di tipo WetMicro Rapporto di 2:1 a 4:1 in volume, di microsfere e resina epossidica.

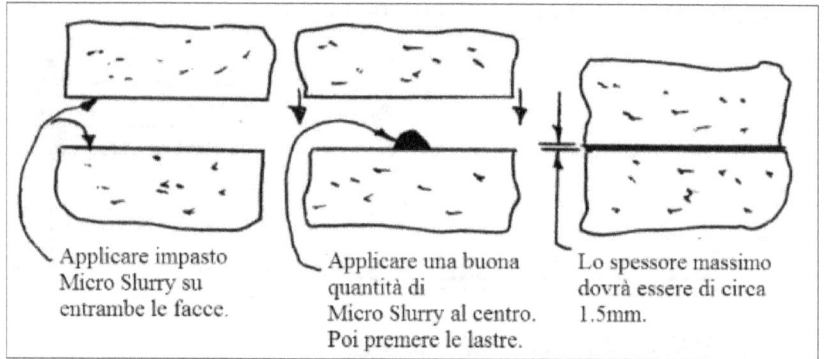

Mentre per applicazioni non strutturali, si può procedere all'incollaggio tramite adesivi a spruzzo.

<u>Impermeabilizzazione di blocchi o lastre:</u> In alcune applicazioni è necessario rivestire le parti sagomate in polistirene. Ad esempio, nel caso in cui il polistirene espanso venga utilizzato come materiale di anima in una struttura a sandwich, è consigliabile, prima di rivestirlo con tessuto di rinforzo, di impermeabilizzare la superficie con impasto tipo Slurry. Questa procedura consente di ridurre il quantitativo di resina assorbita dall'anima strutturale in fase di laminazione dal tessuto di rinforzo.

<u>Riparazione:</u> In caso di danneggiamento accidentale di una lastra, blocco o parte modellata in polistirene, si può facilmente riparare la zona incriminata con un impasto tipo Dry Micro. Dopo averlo applicato con una spatola ed aver completato il ciclo di indurimento della resina, si procede a carteggiare e levigare la zona.

Tutorial 3 - La stuccatura con microsfere in vetro

Livello di Difficoltà: *****

Capitoli di Riferimento: "ADDENSANTI E RIEMPITIVI", "Dispositivi di sicurezza e protezione".

Scopo: Apprendere le nozioni necessarie per stuccare, rifinire e riparare i manufatti in composito, tramite l'utilizzo delle microsfere in vetro.

Anche in questo caso, prima di effettuare le operazioni indicate successivamente, si raccomanda l'utilizzo di protezioni per l'apparato respiratorio, visivo, di indossare guanti e indumenti protettivi.

Se possibile utilizzare un aspirapolvere o aspiratore, mantenendolo attivo posizionato nella zona di lavoro, durante le fasi di levigatura.

Stuccatura: Come è stato discusso riguardo agli addensanti e rimepitivi, con questi prodotti è possibile realizzare impasti di varia densità, lavorando sul rapporto di miscelazione tra resina epossidica e microsfere.

Il vantaggio della stuccatura con microsfere è il mantenimento della leggerezza, requisito piuttosto sentito nei manufatti in composito. Infatti se si paragona tale impasto con stucchi da carrozziere a base di poliestere, ci rende conto subito della differenza di peso sostanziale tra i due.

Questa tecnica tuttavia è applicabile solo in caso di superfici dove si effettua la verniciatura del manufatto, quindi non applicabile in caso di applicazioni cosmetiche con trama del tessuto mantenuta a vista.

Aletta Canard LongEz(Foto fonte Mike Beasley)

Dopo aver realizzato un manufatto, in particolare quando si effettua la laminazione manuale, le superfici dello stesso non saranno levigate e la trama superficiale del tessuto di rinforzo sarà piuttosto visibile.

Per rifinire tale superficie si procede preparando un impasto di tipo Dry Micro, costituito da un rapporto 5:1 in volume, di microsfere e resina epossidica, applicandolo con una spatola sulla superficie non levigata.

Quando la resina avrà completato il ciclo di indurimento, si procede alla carteggiatura leggera con carta o spugnetta abrasiva, della superficie ricoperta dall'impasto essiccato, fino a ottenere una superficie liscia ed uniforme, attenzione a non danneggiare le fibre del tessuto di rinforzo durante tali fasi.
In caso di superfici particolarmente irregolari, si procede effettuando più passaggi di stuccatura.

Se si ha a che fare con manufatti con superfici estese, superiori al metro quadro è consigliabile utilizzare una levigatrice orbitale con platorello morbido e dischi a grana fine.

Aletta Canard LongEz(Foto fonte Mike Beasley)

I risultati ottenuti con tale tecnica sono di ottimo livello, richiede una certa manualità e generano una buon quantitativo di polveri, tuttavia è largamente utilizzata da anni in vari settori di applicazione.
La superfici così preparate sono già pronte per poter essere verniciate con stucco a spruzzo tipo primer ed i prodotti necessari per la verniciatura finale.

Tutorial 4 - Tagliare e forare i manufatti composito

Livello di Difficoltà: ******
Capitoli di Riferimento: "Dispositivi di sicurezza e protezione".

Scopo: Apprendere le nozioni necessarie per tagliare, forare e rifinire i manufatti in composito.

Prima di effettuare le operazioni indicate successivamente, si raccomanda l'utilizzo di protezioni per l'apparato respiratorio, visivo, di indossare guanti e indumenti protettivi.

Infatti le polveri generati durante tali lavorazioni, se non si adottano le precauzioni sopracitate, provocano spesso irritazioni alla pelle e non solo, in particolare quando si ha a che fare con la fibra di carbonio.

In caso di irritazioni della pelle lavare la zona interessata con acqua fredda e sapone.

Se possibile utilizzare un aspirapolvere o aspiratore, mantenendolo attivo posizionato nella zona di lavoro, durante le fasi di taglio e foratura.

Operazioni di Taglio: A dispetto di quanto si possa pensare, tagliare i manufatti in composito è un'operazione che si può effettuare con utensili piuttosto comuni ed economici, ovviamente prima di ottenere dei risultati di livello si deve maturare una certa esperienza.

Esistono anche utensili e accessori dedicati con riporti diamantati e in materiale ceramico, ma per le auto-costruzioni, in generale si può utilizzare utensileria comune per metallo, reperibile a basso costo.

Il rovescio della medaglia, sarà che un utensile da taglio per metallo, avrà una vita molto più breve quando viene utilizzato per il taglio dei compositi, ciò per via della loro natura abrasiva, questo vale in particolare la fibra di carbonio e vetro.

Quando si effettuano delle lavorazioni di taglio, si applica la regola generale di restare piuttosto abbondanti durante il taglio rispetto alle linee perimetrali previste, procedendo poi alla rifinitura di perimetri e bordi con tamponi e spugne abrasive.

I manufatti che dovranno essere tagliati possono avere diverse forme, tipologie e dimensioni, ogni geometria andrà analizzata attentamente e la scelta del metodo e utensile da taglio, sarà effettuato di conseguenza.

Al fine di non danneggiare e graffiare il manufatto durante le operazioni di taglio, si consiglia di utilizzare una base di lavoro morbida, tipo una lastra di polistirene espanso o estruso.

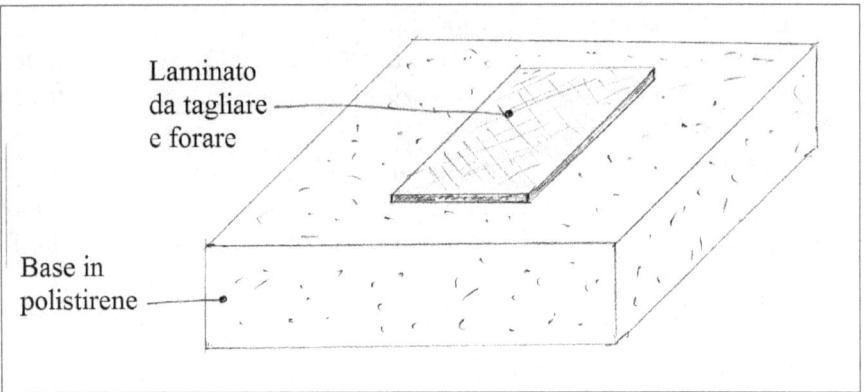

Laminato
da tagliare
e forare

Base in
polistirene

Le linee di taglio del manufatto possono essere riportate tramite pennarelli colorati a tratto fine, oppure tramite tracciatura o incisione realizzate semplicemente con la punta di un cacciavite o altro utensile adatto alla tracciatura.

Il metodo di taglio più semplice, consiste nell'utilizzo di un seghetto ad arco o ancor più semplicemente con la sola lama dello stesso. Il tipo di lame da taglio adatte sono del tipo a metallo, a dentatura stretta e fine. Tuttavia, questo tipo di utensile è adatto a tagli dritti, poco si presta a taglio di perimetri a curvatura complessa.

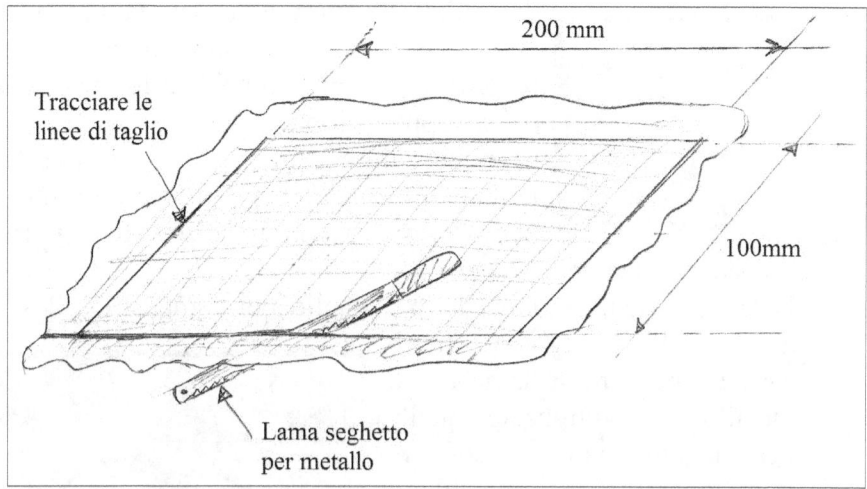

Se si dispone del Dremel© e relativi dischetti abrasivi da taglio, possiamo utilizzarlo per tagliare la maggior parte delle geometrie.

Per lavorare meglio sarebbe bene aver in dotazione l'albero flessibile per il Dremel©, accessorio quasi sempre in dotazione o disponibile in commercio a basso costo.

Esistono in commercio anche accessori, come frese diamantate di piccolo diametro, che si rivelano molto utili per tagliare i manufatti in composito. Tra le più diffuse si possono considerare quelle utilizzate come accessori per il taglio della vetronite dei circuiti stampati, hanno il gambo di diametro standard da 3.125mm e sono

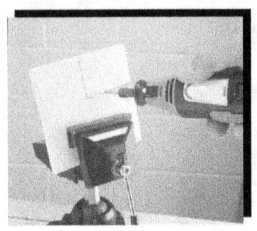

disponibili in vari diametri da 0.2 a 3.2mm circa. Sono piuttosto economiche e facili da reperire, possiamo considerarle specifiche per queste applicazioni.

Con quest'ultime è giusto parlare di fresatura del laminato, è consigliabile praticare un foro guida per inserire il fresino nella zona da tagliare e poi procedere lentamente.

Un'altro utensile molto adatto al taglio dei compositi è il seghetto alternativo. Anche in questo caso vanno bene le lame per il metallo, non utilizzate quelle per legno, hanno dentature troppo grosse e creerebbero delle crepature e frastagliature sulle zone di taglio.

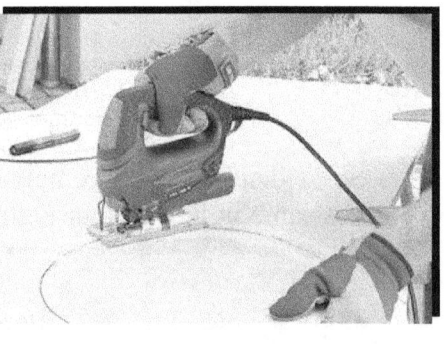

In generale possiamo consideralo come il miglior dispositivo da taglio per queste applicazioni, consente infatti di effettuare tagli precisi e di geometrie complesse. Come suo limite, possiamo considerare la sua dimensione, talvolta non lo rende adatto per alcune applicazioni.

Anche in questo caso se dobbiamo praticare dei tagli in un aerea chiusa, si deve prima praticare un foro pilota di diametro leggermente superiore alla larghezza della lama del seghetto. Dopodiché si procede al taglio del particolare.

A seguito delle procedure di taglio o fresatura, fa sempre seguito la fase rifinitura e levigatura dei bordi del manufatto.

Andrà fatto largo uso di carta vetrata media(tipo 400) con relativi tamponi realizzati e adattati per il manufatto, procedendo poi con carta vetrata fine o spugnette abrasive.

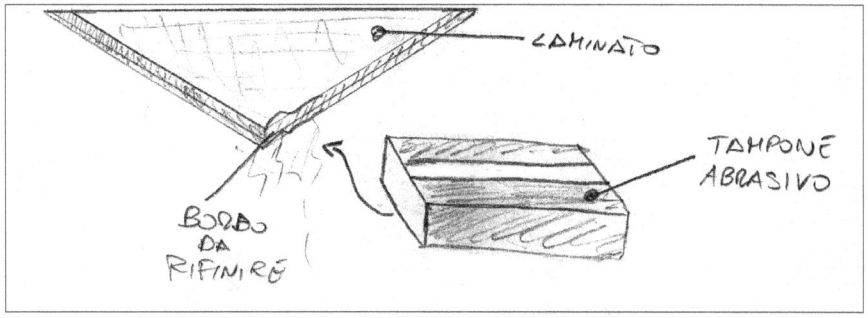

Operazioni di Foratura: Su materiali differenti dai compositi, ad esempio i metalli, la foratura non rappresenta un'operazione critica. Invece per i materiali compositi è necessario adottare alcune precauzioni, in particolare per manufatti strutturali.

Nella foratura del manufatto, in particolare di quelli a spessore ridotto, si verificano delaminazioni, scheggiature e sfilacciamento delle fibre.

Quando si ha a che fare con manufatti di elevato costo e complessità, è consigliabile acquistare punte per forature realizzate specificamente per i materiali compositi.

Come discusso prima per il taglio, esistono punte per forare la 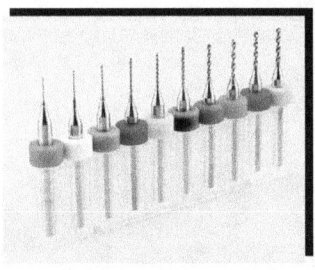 vetronite dei circuiti stampati, le quali hanno il gambo di diametro standard da 3.175mm e sono disponibili in vari diametri da 0.2 a 3mm circa. Anche queste sono piuttosto economiche e facili da reperire, possiamo considerarle specifiche per queste applicazioni. Sono generalmente punte al carburo e sono piuttosto fragili, vanno utilizzate quindi con una certa cura.

Per laminati di piccolo spessore, quando possibile, praticare i fari appoggiando la zona da forare su un supporto duro, quale una tavola di legno, infatti in fase di foratura, premendo sul laminato si tenderà a flettere la parete esterna.

Le forature andranno effettuate a media o alta velocità, aumentare la velocità quando si utilizzano punte di piccolo diametro.

Esiste anche la possibilità di modificare una punta per foratura da metallo. Per fare ciò dovreste disporre di una pietra per affilare i coltelli o di una mola da banco, smerigliandone il tagliente rendendolo piatto e la punta stessa più conica:

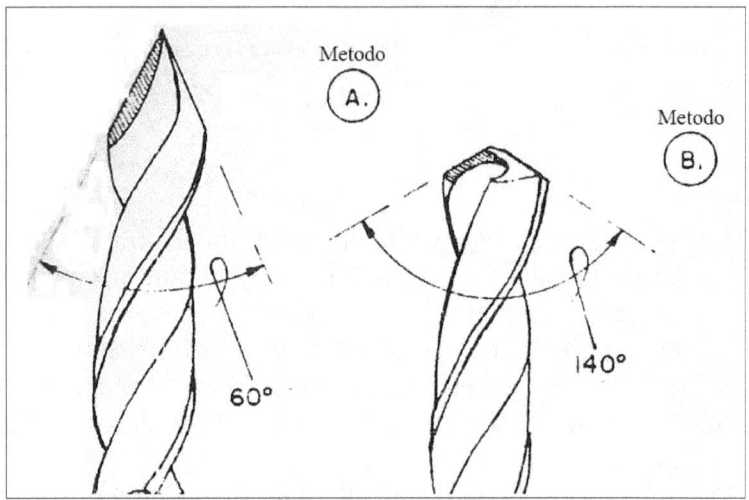

Ciò dovrebbe ridurre lo sfilacciamento delle fibre del laminato in fase di foratura. Dopo aver modificato la punta, effettuate delle prove su vecchi laminati ed eventualmente correggerla con successive smerigliature.

Operazioni di Sigillatura:

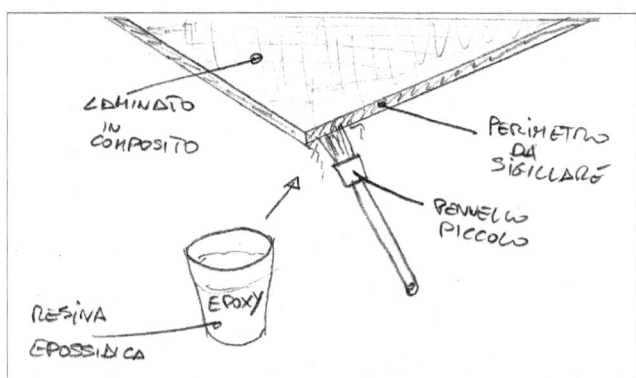

In alcune applicazioni, dove è presente un elevato grado di umidità, oppure in caso di manufatti che saranno sottoposti a immersione in acqua(Es. Settore Nautico), si dovrà anche sigillare i bordi ed i fori praticati, con la stessa matrice in resina del laminato. Nel caso di resina epossidica, si procederà applicando delicatamente della resina epossidica sui bordi e fori, tramite pennello piccolo o con una spugnetta impregnata di resina.

Così facendo, verrà impermeabilizzato tutto il laminato.

Pagina Lasciata Intenzionalmente Vuota

Tutorial 5 - Laminato a Sandwich tramite Sottovuoto

Livello di Difficoltà: ***
Tempo di Esecuzione: < 120 min.
Capitoli di Riferimento: "PROCESSI E METODI DI LAVORAZIONE", " PROGETTAZIONE E CALCOLI DI BASE", "Dispositivi di sicurezza e protezione", "Tutorial 4 - Tagliare e forare i manufatti composito".

Scopo: Apprendere le nozioni di base della laminazione sottovuoto, realizzando un laminato a sandwich.
L'utilizzo della fibra di vetro consente un approccio più facile, in quanto essendo di colore molto chiaro, permette di comprendere facilmente il suo stato e livello di impregnazione. Mentre con la fibra di carbonio ciò richiede manualità ed esperienza superiore.
Si consiglia di indossare guanti in lattice protettivi durante la laminazione e di effettuare le operazioni in ambiente ventilato con temperatura ambiente compresa tra 15 e 30°C.

PRODOTTI E ATTREZZATURA NECESSARIA	Q.TÀ
Tessuto in fibra di vetro bilanciato da 290 gr/m²	3 m²
Resina epossidica bicomponente per stratificazione	1000 gr
Lastra in polistirene estruso 1250x600x20mm 40Kg/m³	1
Alcool Polivinilico	0.25 lt
Acetone	1 lt
Pennello piatto piccolo	1
Recipiente o bicchiere in plastica	1
Recipiente o bicchiere in vetro	1
Forbici da sartoria o taglia-pizza	1
Pennarello di colore nero	1
Bilancia	1
Calcolatrice	1

Guanti in lattice	1
Lastra in vetro o policarbonato 600x500mm Sp.4mm	1
Impianto laminazione sottovuoto	-
Nastro sigillante per sacco a vuoto	3 m
Tessuto Peel Ply	1 m²
Film microforato	1 m²
Feltro aeratore	1 m²
Pellicola per sacco a vuoto	1 m²
Vacuometro aggiuntivo(opzionale)	1

Schema di Lavorazione:

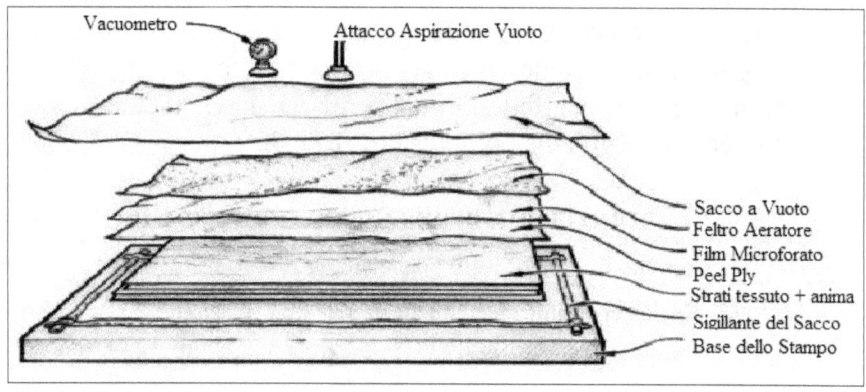

Preparazione:

1. Creare la base dello stampo con una lastra di vetro o policarbonato di spessore minimo 4mm, di dimensioni 600x500mm.
2. Applicare il nastro sigillante per sacco, sul perimetro della base dello stampo, lasciando la pellicola protettiva sulla faccia superiore del nastro.
3. Preparare la base dello stampo pulendola e trattandola con alcool PVA o altro agente distaccante.
4. Bloccare la lastra al piano di lavoro con nastro adesivo.
5. Tagliare 6 pezzi di tessuto di rinforzo in fibra di vetro con

dimensioni 500x400mm, utilizzando le forbici.

Per tagliare il tessuto tracciare le linee perimetrali con un pennarello, righello e squadra.

6. Tagliare una lastra di polistirene estruso di spessore 20mm e dimensioni esterne di 300x200mm. Sagomare gli spigoli, raccordandoli e smussandoli a 45°:

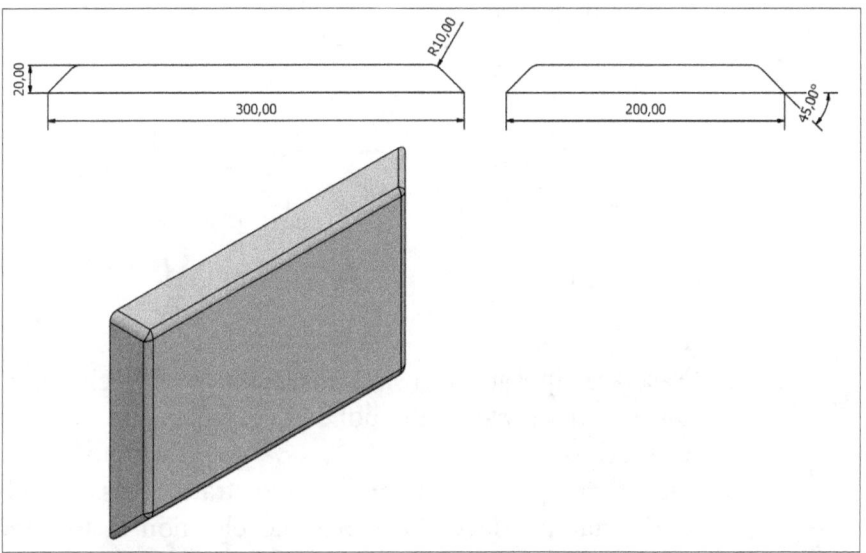

7. Tagliare a misura il tessuto peel ply, il microforato e il feltro aeratore, in modo che siano in grado di coprire la superficie del laminato con un'abbondanza di 50mm per ogni lato del perimetro.

8. Tagliare a misura la pellicola del sacco a vuoto, in modo che sia in grado di coprire la superficie della base di stampo, con un'abbondanza di 50mm per ogni lato del perimetro.

9. Verificare il funzionamento dell'impianto per il sottovuoto, accendendo la pompa e verificando valvole, tubazioni etc.

Laminazione:

1. Preparare la resina epossidica dosando la quantità con la bilancia e rispettando il rapporto di miscelazione in peso indicato dal produttore. Aggiungere le parti nel recipiente in plastica, dosando prima la parte A e poi la B. Mescolare quindi il tutto per almeno un minuto con una stecca di legno o utensile simile.

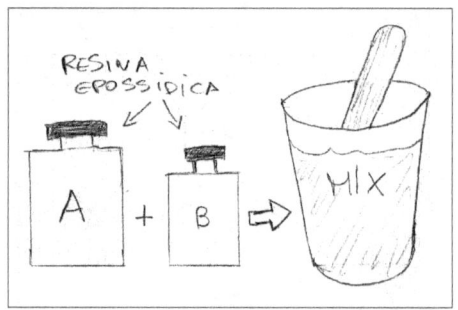

2. Lasciare riposare la resina miscelata per qualche minuto per far si che parte delle bolle d'aria presenti nel composto evaporino.
3. Nel frattempo posizionare il primo strato di tessuto sulla base dello stampo, facendo attenzione che non si formino delle pieghe.
4. Colare lentamente poca resina sul tessuto e cospargerla uniformemente sul tessuto con il pennello. Quando tutto il tessuto sarà impregnato in modo uniforme, procedere applicando i due strati successivi uno alla volta, effettuando le stesse operazioni.

   Verificare che non vi siano bolle e vuoti d'aria sul laminato, in tal caso procedere rimuovendole facendo pressione con il pennello e se necessario, aggiungendo un po di resina.

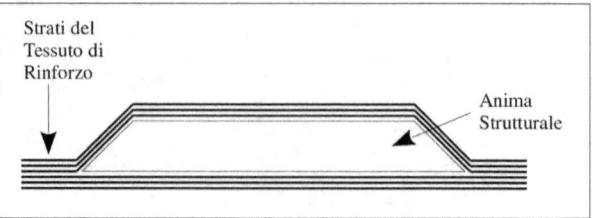

5. Cospargere di resina con il pennello, la lastra in polistirene sagomata e posizionarla al centro degli strati di tessuto di rinforzo appena posizionati sullo stampo.

6. Procedere applicando i restanti tre strati superiori del tessuto di rinforzo, impregnandoli uno alla volta con la resina, come fatto in precedenza per gli altri strati.

7. Completare il processo prima che la resina non raggiunga il tempo di gelificazione.

8. Rivestire il laminato con tessuto peel ply, aiutandosi con il pennello, facendolo aderire al meglio.

9. Aggiungere in sequenza, allo stesso modo, il microforato ed il feltro aeratore.

10. Togliere la pellicola protettiva al nastro sigillante per il sacco a vuoto.

11. Stendere e applicare il sacco a vuoto in modo che aderisca perfettamente al nastro sigillante. Prima di completare la sigillatura del sacco, creare con un taglierino l'apertura per il passaggio del connettore di aspirazione e il vacuometro interno opzionale.

12. Sigillare con uno spezzone di nastro sigillante la zona intorno al connettore di aspirazione ed al vacuometro.

13. Collegare l'impianto per il sottovuoto al connettore di aspirazione, dopo qualche secondo, quando l'aria all'interno del sacco sarà aspirata verificare il valore letto dal vacuometro. Dovrà essere intorno a 0,5 bar o superiore.

14. Lasciare attivo l'impianto per tutto il ciclo di indurimento della resina, solitamente per circa 24H con temperatura ambiente intorno ai 20-25°C.

15. Pulire il pennello e gli utensili sporchi di resina epossidica con acetone, utilizzando il recipiente in vetro.
Per tale scopo vanno bene anche vecchi barattoli per alimenti(marmellate, sughi, etc.)

16. Attendere l'indurimento della resina.

17. A ciclo di indurimento completo, rimuovere il laminato dalla lastra, staccandolo lentamente.

18. Tagliare, carteggiare e rifinire i bordi delle parti tagliate.

Verifica del Manufatto:

Ispezionare il manufatto appena realizzato, aiutandosi con una lampada luminosa ed una lente.

Le superfici dovranno presentare un colore uniforme. La presenza di bolle d'aria indica un errata laminazione.

La superficie inferiore a contatto con la lastra durante la fase di laminazione sarà più liscia e levigata dell'altra, la quale presenterà la tessitura tipica del peel ply.

Per verificare indirettamente se è stata impiegata la giusta quantità di resina in fase di laminazione dovreste avere un calibro per misurare lo spessore dei manufatti.

Un tessuto in fibra di vetro bilanciato da 290 gr/m², generalmente presente uno spessore nominale di 0,23mm. Considerando come riferimento, un rapporto del 50% tra matrice in resina e tessuto di rinforzo, possiamo considerare il manufatto realizzato correttamente, se presenta uno spessore totale intorno a 23mm.

Valori più alti indicano un eccesso di matrice in resina, viceversa una mancanza.

Ripetete l'esercizio finché non otterrete i risultati previsti.

Potreste anche effettuare tale verifica con una bilancia, essendo noti il peso degli strati di tessuto, della resina, dell'anima strutturale e della superficie del laminato.

Per verificare la robustezza del vostro manufatto, provate ad appoggiarlo sullo spigolo di un tavolo o banco, ed applicate tutta la forza del vostro corpo, vedrete che non vi saranno deformazioni apprezzabili !

Varianti del Tutorial:
- Ripetere l'esercizio sostituendo il tessuto in fibra di vetro con quello in carbonio da 200 gr/m².
- Ripetere l'esercizio sostituendo il tessuto in fibra di vetro con quello in fibra aramidica da 170 gr/m².

Tutorial 6 - Preimpregnato fatto in casa

Livello di Difficoltà: ***
Tempo di Esecuzione: < 60 min.
Capitoli di Riferimento: "I Preimpregnati(Prepreg)"

Scopo: Apprendere i concetti necessari per fabbricare dei pre-impregnati utilizzabili per laminare e rinforzare di aree particolari.
Si consiglia di indossare guanti in lattice protettivi durante la laminazione e di effettuare le operazioni in ambiente ventilato con temperatura ambiente compresa tra 15 e 30°C.

PRODOTTI E ATTREZZATURA NECESSARIA	QUANTITÀ
Tessuto in fibra di vetro bilanciato da 290 gr/m²	q.b.
Resina epossidica bicomponente per stratificazione	q.b.
Pellicola plastica trasparente(film distaccante)	q.b.
Acetone	1 lt
Pennello piatto piccolo	1
Recipiente o bicchiere in plastica	1
Recipiente o bicchiere in vetro	1
Forbici da sartoria o taglia-pizza	1
Pennarello di colore nero	1
Bilancia	1
Calcolatrice	1
Guanti in lattice	1
Stecca in legno per mescolare	1

Descrizione: In alcuni casi è richiesta l'applicazione di strati di tessuto di rinforzo su manufatti, in aree poco accessibili, con pareti a spigolo vivo o con curvatura complessa, e dove è comunque difficile posizionare e impregnare il tessuto di rinforzo con la matrice in resina; con lo scopo di rinforzare o riparare, il manufatto stesso. Tale operazione può rivelarsi difficoltosa utilizzando i metodi tradizionali, che prevedono prima l'applicazione del tessuto di rinforzo, procedendo poi all'impregnazione con la matrice in resina.

Il livello di difficoltà dell'applicazione aumenta, quando si ha a che fare con tessuto di rinforzo con trama a 45°.

Come abbiamo visto nei precedenti capitoli, esistono in commercio i prepreg, che quali consentono di effettuare operazioni di laminazione molto più elaborate rispetto a quelle con metodi tradizionali, tuttavia tali prodotti, per i motivi già descritti, non sono adatti alle auto-costruzioni.

Esiste la possibilità di ovviare a ciò realizzando da soli delle strisce di tessuto di pre-impregnato. A differenza del prepreg commercializzati, quelli che produrremo andranno applicati subito nell'area da laminare, infatti il ciclo di indurimento della matrice in resina è quello tradizionale e non richiede operazioni di cottura e post-indurimento in forni a temperatura controllata. Inoltre a non possono essere conservati in celle frigorifere per poter essere utilizzati in futuro.

In sostanza, dopo aver tagliato le strisce di tessuto di rinforzo, ad esempio con trama a 45°, si procede all'impregnazione di uno o più strati di esso con la matrice in resina su una pellicola plastica in film distaccante, dopodichè si aggiungere un'altro strato superiore di pellicola di plastica, rendendo così il preimpregnato facilmente maneggevole e posizionabile.

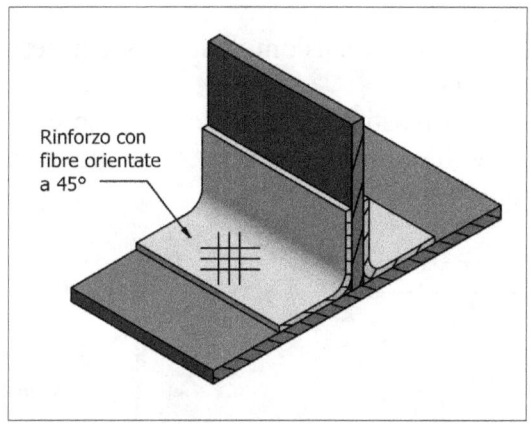

Rinforzo con
fibre orientate
a 45°

Di seguito verrà descritto il procedimento di realizzazione di strisce preimpregnate di tessuto a 45°, utili ad esempio, per rinforzare un manufatto costituito da due pannelli sandwich con pareti perpendicolari.

Procedimento:
1. Valutare il numero e le dimensioni delle strisce di tessuto di rinforzo da realizzare.
2. Tagliare la pellicola plastica trasparente in modo che le sue dimensioni in larghezza, siano circa 2.5 volte rispetto a quella del tessuto di rinforzo.

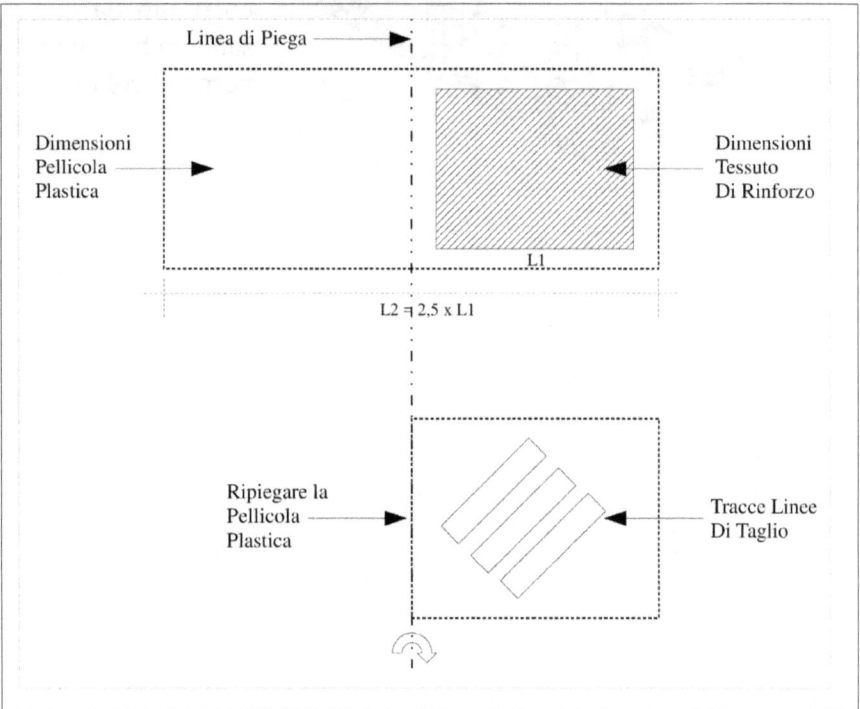

3. Con un pennarello indelebile di colore visibile, tracciare le linee di perimetro delle strisce di tessuto da tagliare. Posizionare la pellicola su una base di lavoro piana, in modo che le linee tracciate rimangano nella faccia esterna della pellicola, altrimenti verrebbero dissolte dalla matrice in resina una volta che ne entrerebbero a contatto.
4. Posizionare il primo strato di tessuto di rinforzo sulla pellicola trasparente, impregnandolo con la matrice in resina tramite un pennello.

5. Procedere applicando ulteriori strati, impregnandoli, mantenendo un leggero eccesso di resina.

6. Ripiegare la pellicola sulla faccia superiore del laminato, con una spatola in plastica pulita, stendere la pellicola sul tessuto, in modo che la resina in eccesso venga eliminata dal tessuto. Tale operazione richiede un pò di pratica, ma permette di ottenere degli ottimi risultati.

7. Con le forbici da sarto, tagliare il perimetro del laminato eliminando i bordi con la resina in eccesso.

8. Procedere delicatamente, tagliando con le forbici, le strisce del tessuto preimpregnato, seguendo le linee di taglio tracciate in precedenza.
   Avremmo ora a disposizione una o più strisce di preimpregnato, protette da pellicola plastica, facilmente posizionabili e maneggiabili.

9. Togliere la pellicola plastica superiore da una striscia di preimpregnato e posizionare la parte bagnata a contatto della zona del manufatto da rinforzare, aiutandosi con pennello e spatola.

10. Togliere la pellicola plastica rimanente ed effettuare le eventuali correzioni sulla posizione del preimpregnato. Verificare che non vi siano bolle e vuoti d'aria sul laminato, in tal caso procedere rimuovendole facendo pressione con il pennello.

11. Pulire il pennello e gli utensili sporchi di resina epossidica con acetone, utilizzando il recipiente in vetro.

Questo procedimento risulta molto utile, è applicabile anche a strisce di tessuto di rinforzo con dimensioni rilevanti. Oltre che per i manufatti può rivelarsi utile anche nella creazione e rinforzo degli stampi.

Pagina Lasciata Intenzionalmente Vuota

Tutorial 7 - Realizzazione di uno Stampo Femmina

Livello di Difficoltà: ****
Tempo di Esecuzione: > 180 min.
Capitoli di Riferimento: "PROCESSI E METODI DI LAVORAZIONE", "REALIZZAZIONE DEGLI STAMPI E FINITURA MANUFATTI", "Dispositivi di sicurezza e protezione"

Scopo: Apprendere i concetti necessari per realizzare uno stampo femmina ed il relativo manufatto.

Questo tutorial è il più avanzato di quelli descritti nel manuale, si consiglia di evitare questo tutorial per primo, se si è a digiuno di esperienza con i materiali compositi.

Si consiglia di indossare guanti in lattice protettivi durante la laminazione e di effettuare le operazioni in ambiente ventilato con temperatura ambiente compresa tra 15 e 30°C.

Descrizione: Il seguente tutorial può essere suddiviso il tre fasi:
   A) Realizzazione della matrice.
   B) Creazione stampo femmina.
   C) Laminazione del manufatto.

Come parte da realizzare prenderemo in considerazione una carenatura o parafango di un velivolo leggero, tale parte è simile sia dal punto di vista geometrico che concettuale a un parafango per motocicli o altro.

A - Realizzazione della matrice: La prima fase consiste nella realizzazione della matrice o modello maschio, della parte da riprodurre in materiale composito.

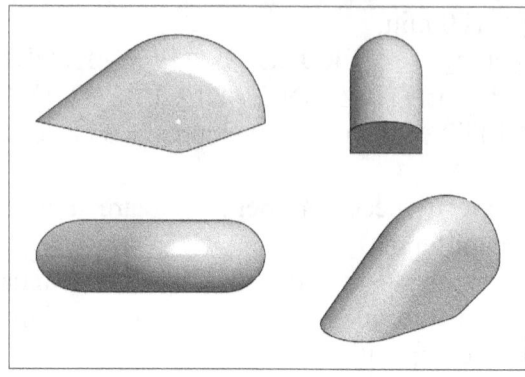

Si crea la matrice in polistirene, secondo le tecniche già descritte, procedendo con il taglio con filo a caldo dello stesso, oppure semplicemente con un taglierino. Si leviga delicatamente il materiale, con tampone e carta abrasiva, fino a ottenere la geometria desiderata.

Per verificare le dimensioni, di possono creare delle dime di riscontro in legno o cartone rigido, in modo da verificare i vari punti delle sezioni.

Quando avremmo ottenuto la superficie prevista, si può procedere al rivestimento o stuccatura della stessa con impasto Micro Slurry. Il quale, andrà levigato a fine ciclo di indurimento dello stesso. Si otterrà così una sorta di crosta abbastanza dura e levigata per procedere alle fasi successive.

Mentre si leviga il polistirene, andrà tenuto conto dello spessore della crosta in Micro Slurry, quindi le dimensioni da tenere andranno sottostimate di conseguenza.

Per aiutarsi nella fase di levigatura e stuccatura, può essere conveniente creare una sorta di piedistallo in legno, per mantenere la parte in posizione, questo aiuta a maneggiare il tutto, considerando anche il fatto che si tratta di materiale molto morbido che si danneggia facilmente.

Come opzione, se si desidera ottenere una superficie a specchio, si può anche verniciarla a spruzzo con gelcoat epossidico o vernice poliuretanica.

B - Creazione stampo femmina: La seconda fase è quella più impegnativa complessa da attuare.
Una volta completata la matrice si procede creando una flangia di partizione temporanea, lungo la mezzeria della stessa.

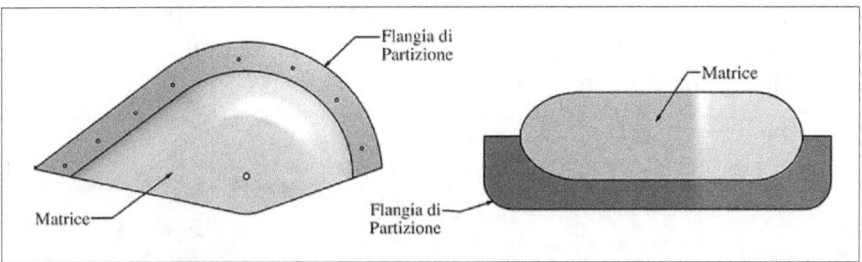

Tale flangia può essere realizzata facilmente in lamiera di alluminio con spessore indicativo di 1 mm. Facile da tagliare, piegare e adattare alla matrice. Per dettagli di posizionamento si rimanda al Cap."Creazione di stampi maschio e femmina".
Sulla flangia andranno praticati una serie di fori passanti, che serviranno da maschera di foratura nei passaggi successivi.
Una volta realizzata, andrà fissata in modo temporaneo alla matrice, allo scopo si può utilizzare dello stucco da carrozziere, il quale è facilmente removibile.

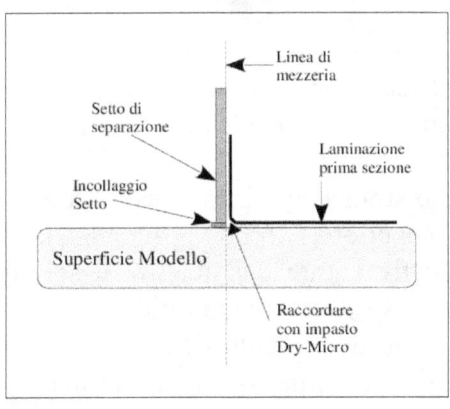

I due semi stampi(destro e sinistro) saranno realizzati in due fasi distinte, in quanto il secondo passaggio richiede la rimozione della flangia di partizione temporanea.

Prima della laminazione dei semi stampi, si procede a rivestire il tutto con agente distaccante.

Si procede poi applicando una mano abbondante di matrice in resina epossidica, sulla sezione di lavoro(Es: Sinistra).

Prima si realizza il rinforzo sulla flangia, con strisce di tessuto precedentemente tagliate con fibre orientate a 45°. Un tessuto in fibra di vetro con grammatura da 300 gr/mq è adatto allo scopo, saranno necessari dai quattro ai sei strati di tessuto.

Verrà quindi posizionato il primo dei due strati di tessuto di rinforzo in fibra di vetro leggera(intorno agli 80 gr/mq) sulla geometria vera e propria della matrice. Laminandolo poi, con pennello e rullo, ed eliminando eventuali bolle di aria. Si applica quindi il secondo strato di tessuto allo stesso modo.

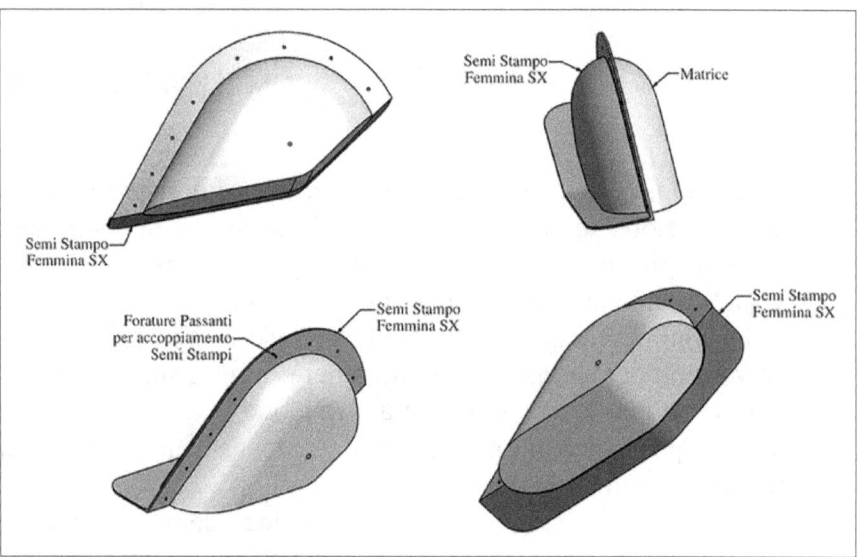

Questo tipo di forma geometrica è piuttosto semplice da laminare, e l'applicazione del tessuto non è critica, neanche l'orientamento delle fibre.

Successivamente ai primi due strati leggeri, si procede stratificando con tessuto a grammatura superiore(Es: 300 gr/mq o superiore). Dovremmo aggiungere indicativamente dai quattro ai sei strati di tessuto per ottenere uno stampo strutturalmente rigido.

Una volta completato il ciclo di indurimento della resina, andranno praticati i fori presenti sulla flangia di partizione, utilizzandoli come maschera di foratura.

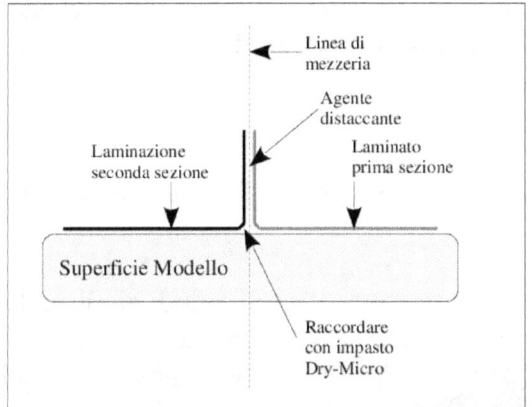

Laceremo il semi stampo appena creato sulla matrice e rimuoveremo la flangia di partizione.

Andrà ora applicato dell'agente distaccante sulla parte flangiata della prima sezione dello stampo appena creata.

Si procede laminando la seconda sezione dello stampo con lo stesso metodo della prima.

Quando i due semi stampi saranno stati completati, andranno separati ed ispezionati, eventuali imperfezioni andranno stuccate e riparate. Inoltre andrà anche rimosso l'agente distaccante.

Verificare anche l'accoppiamento meccanico delle due parti, allineandoli con i fori di fissaggio praticati in precedenza.

C - Laminazione del manufatto: In quest'ultima fase si può procedere con la laminazione manuale o quella sottovuoto, a seconda delle proprie esigenze. Per motivi di semplicità descriveremo il processo di laminazione manuale, utilizzando tessuto di rinforzo bilanciato in fibra di carbonio da 200 gr/mq.

Prima della laminazione, viene spruzzato l'agente distaccante sugli stampi.

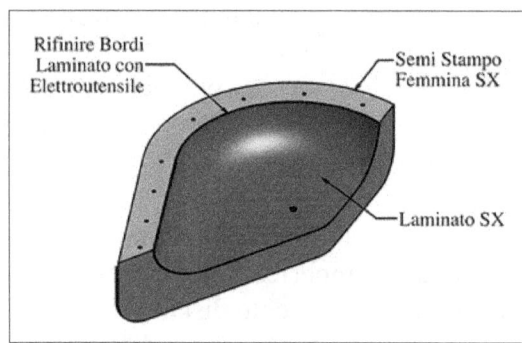

Si quindi applicando della matrice in resina epossidica a pennello in uno dei due semi stampi(Es: Sinistro). Verrà posizionato il primo strato di tessuto di rinforzo e laminato con resina epossidica applicata a pennello.

Il tessuto andrà pre-tagliato a misura in precedenza, con una abbondanza di circa 25mm su tutti i bordi dello stampo.

Si applicano e laminano altri tre strati di tessuto, per un totale di quattro. Le fibre saranno orientate tutte allo stesso modo, a 0° rispetto all'asse di mezzeria.

Una volta completato il ciclo di indurimento, andranno rifilati i bordi lungo la linea di mezzeria, senza togliere il laminato dallo stampo. Porre attenzione a non danneggiare lo stampo in questa fase.

Si ripete la stessa procedura di laminazione, per la sezione destra.

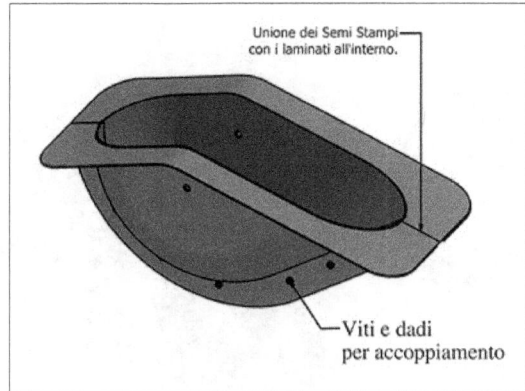

Unione dei Semi Stampi con i laminati all'interno.

Viti e dadi per accoppiamento

Verranno quindi accoppiati i due semi stampi contenenti i laminati SX e DX, tramite viti, dadi e rondelle.

Si applica della matrice in resina epossidica a pennello, lungo la linea di giunzione dei laminati.

Quindi viene posizionato del nastro in tessuto di rinforzo dello stesso tipo del laminato, di larghezza di 25-50mm, lungo la mezzeria.

Anche il nastro sarà laminato con resina epossidica applicata a pennello.

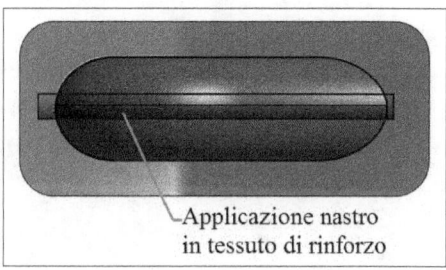

Applicazione nastro in tessuto di rinforzo

Ne verranno applicati e laminati almeno quattro strati.

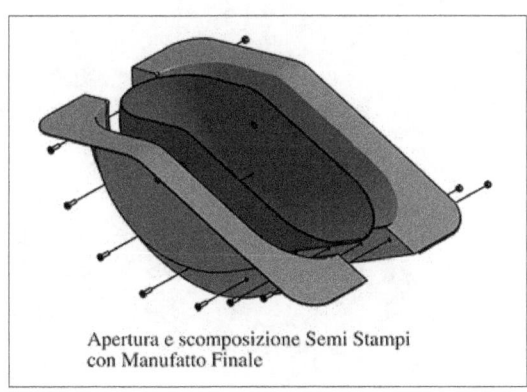

Apertura e scomposizione Semi Stampi con Manufatto Finale

A ciclo di indurimento della resina completato, si procede a togliere i due semi stampi, rimuovendo prima le viti, i dadi e le rondelle. Con cautela, separare il manufatto dagli stampi.

Rimarrà da stuccare il bordo lungo la linea di mezzeria sulla faccia esterna del manufatto e da rifilare i bordi con il nastro di tessuto applicato per ultimo.

Una volta completato tali operazioni di finitura, il manufatto sarà completo.

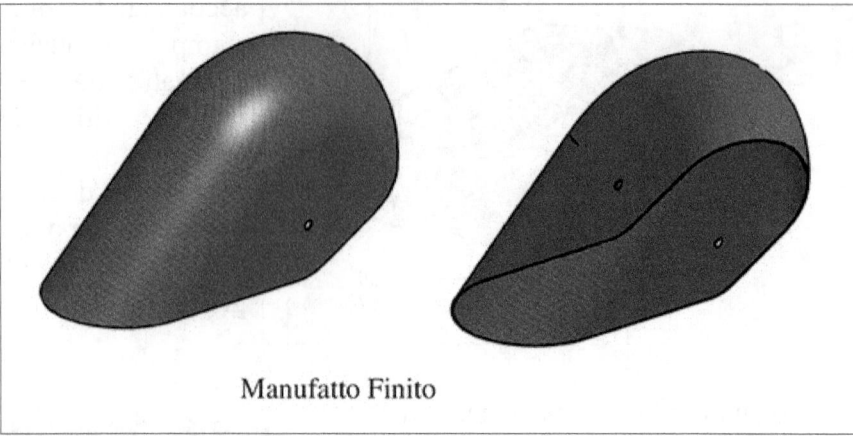

Manufatto Finito

Se richiesto o ritenuto necessario, si procede alla verniciatura del manufatto, applicando prima una o più mani di stucco a spruzzo, poi la vernice poliuretanica bi-componente.

Tutorial 8 - La riparazione di un laminato

Livello di Difficoltà: ******

Capitoli di Riferimento: "Dispositivi di sicurezza e protezione"

Scopo: Apprendere le nozioni basiche per riparare un laminato o uno stampo.

Descrizione: Una volta realizzato un manufatto o uno stampo in materiale composito, può capitare che nell'utilizzo comune subisca un danneggiamento, tale danno può essere più o meno importante e va analizzato caso per caso.

Le tecniche di riparazione sono molteplici, le applicazioni dove è richiesta più attenzione e cautela sono quelle con manufatti strutturali.

Prenderemo in considerazione tre comuni esempi di danneggiamento.

Riparazione danno superficiale: In questo caso abbiamo a che fare con un danno superficiale del laminato non strutturale, quindi con rilevanza fondamentalmente estetica.

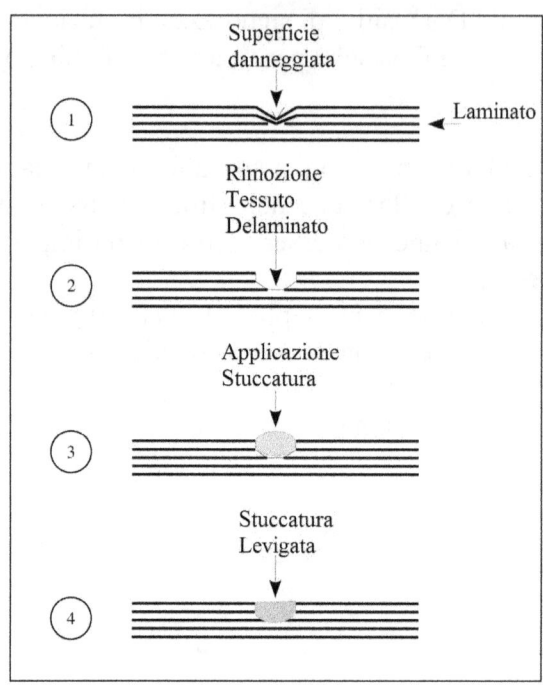

1. Proteggere e mascherare la zona intorno a quella danneggiata con nastro da carrozziere.
2. Carteggiare e levigare la zona delicatamente con carta e spugnetta abrasiva, fino a rimuovere gli strati di tessuto delaminati con le fibre danneggiate.
3. Preparare un impasto tipo Micro Slurry e applicare la stuccatura, sulla zona con una spatola, spalmandolo in modo uniforme da rivestire e ricoprire il tutto.
4. Ad indurimento della resina completato, procedere levigando la stuccatura fino ad ottenere un superficie uniforme.
5. Applicare la vernice di fondo a spruzzo e poi riverniciare la zona per ripristinare la verniciatura originale.

Riparazione danno strutturale in un laminato semplice:

Quì invece abbiamo a che fare con un danno strutturale del laminato, quindi è importante ripristinare le caratteristiche meccaniche, oltre a quelle estetiche originali.

Un esempio di manufatto che presenta tale tipo di danno potrebbe essere un paraurti in materiale composito.

Esiste una regola empirica piuttosto conservativa, la quale indica di rimuovere un area di circa 25mm di larghezza, dalla zona danneggiata per ogni strato di tessuto delaminato. Creando così una buona base per applicare la riparazione e distribuire il carico meccanico.

Ad esempio se abbiamo a che fare con un laminato composto da tre strati di tessuto di rinforzo, si deve procedere rimuovendo un aerea larga circa 75mm.

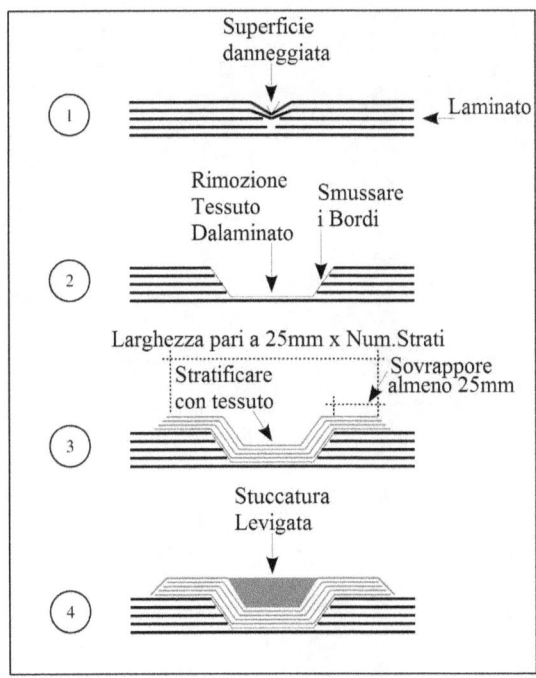

1. Proteggere e mascherare la zona intorno a quella danneggiata con nastro da carrozziere.
2. Carteggiare e levigare la zona delicatamente con carta e spugnetta abrasiva, fino a rimuovere gli strati di tessuto delaminati con le fibre danneggiate. Per ottenere i migliori risultati nella successiva laminazione è consigliabile smussare i bordi del laminato appena levigati.

Pulire la zona, eliminando polveri e residui di lavorazione.

3. Laminare la zona incriminata con lo stesso numero e tipo di strati di tessuto di rinforzo e matrice in resina del laminato originale. Facendo si che i bordi delle toppe di rinforzo si sovrappongano di circa 25mm.

4. Procedere con la stuccatura per rifinire la superficie come descritto precedentemente per la riparazione dei danni superficiali.

Riparazione danno strutturale in un laminato a sandwich:

Questo è un caso più complesso, abbiamo a che fare con un danno strutturale del laminato, compresa l'anima strutturale, quindi è importante ripristinare le caratteristiche meccaniche originali, oltre a quelle estetiche.

Un esempio di manufatto che presenta tale tipo di danno potrebbe essere una tavola da surf. Anche qui si applica la regola di sopra per la larghezza della zona da riparare.

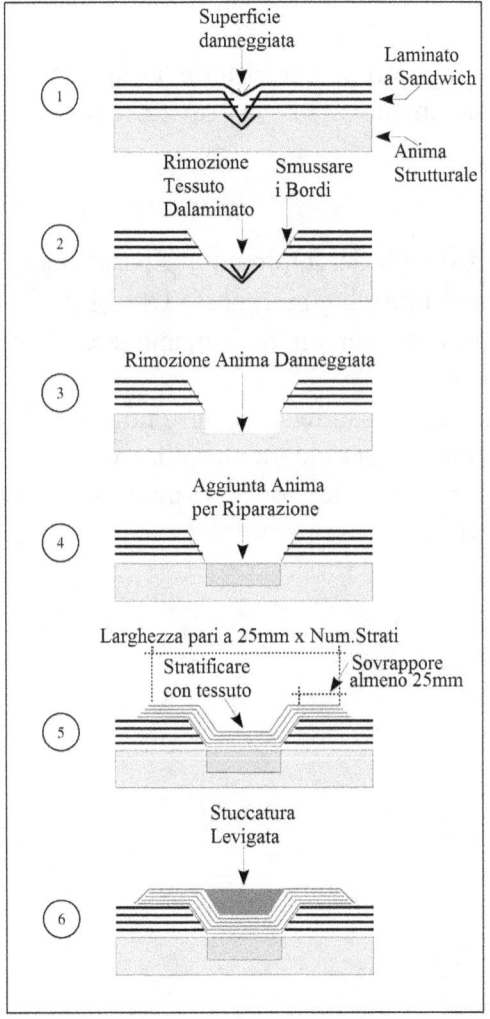

1. Proteggere e mascherare la zona intorno a quella danneggiata con nastro da carrozziere.

2. Carteggiare e levigare la zona delicatamente con carta e spugnetta abrasiva, fino a rimuovere gli strati di tessuto delaminati con le fibre danneggiate.

3. Rimuovere con un taglierino e con il Dremel, la zona di anima strutturale compressa e danneggiata.
   Smussare i bordi del laminato appena levigati.
   Pulire la zona, eliminando polveri e residui di lavorazione.

4. Preparare un blocco di anima strutturale,

utilizzando possibilmente lo stesso materiale originale, modellandolo e adattandolo affinchè si inserisca nella zona di anima appena rimossa.

5. Incollare il blocco di anima preparato con impasto Dry Micro nella zona incriminata. Attendere il completamento del ciclo di indurimento della resina.

   Laminare la zona incriminata con lo stesso numero e tipo di strati di tessuto di rinforzo e matrice in resina del laminato originale. Facendo si che i bordi delle toppe di rinforzo si sovrappongano di circa 25mm.

6. Procedere con la stuccatura per rifinire la superficie come descritto precedentemente per la riparazione dei danni superficiali.

Riepilogo:

- Smussare bene gli spigoli del laminato in riparazione.
- Incollare le anime strutturali con impasto Dry Micro.
- Effettuare le riparazioni cercando di mantenere gli spessori originali del laminato.
- In caso di laminati a sandwich con entrambe le facce danneggiate, procedere riparandone una alla volta.
- Stuccare e levigare bene le zone riparate per ottenere i migliori risultati in fase di verniciatura.

Tutorial 9 - Come discriminare il finto carbonio da quello vero

Livello di Difficoltà: ******
Capitoli di Riferimento: "Tessuti in poliestere"

Può capitare di imbattersi con veri truffatori anche in questo settore, infatti si trovano in commercio tessuti venduti come fibra di carbonio, ma in realtà sono fibre di poliestere o vetro, prodotte ricalcando l'estetica del carbonio, ovviamente le caratteristiche meccaniche sono totalmente inferiori, fatta eccezione per il prezzo!

Nel caso si debba realizzare particolari strutturali, consiglio di effettuare le prove sottoelencate per ogni lotto di tessuto in carbonio acquistato.

La prova più semplice è quella con l'accendino, ovvero si prova ad incendiare uno scampolo di tessuto campione con una fiamma, se il tessuto si fonde come plastica, si tratta di sicuramente di poliestere e non di carbonio. Ma nel caso sia finto carbonio realizzato in fibra di vetro, questa prova potrebbe essere fuorviante.

Un metodo molto conosciuto e semplice per verificare l'autenticità della fibra di carbonio è quello dell'Ohmetro.

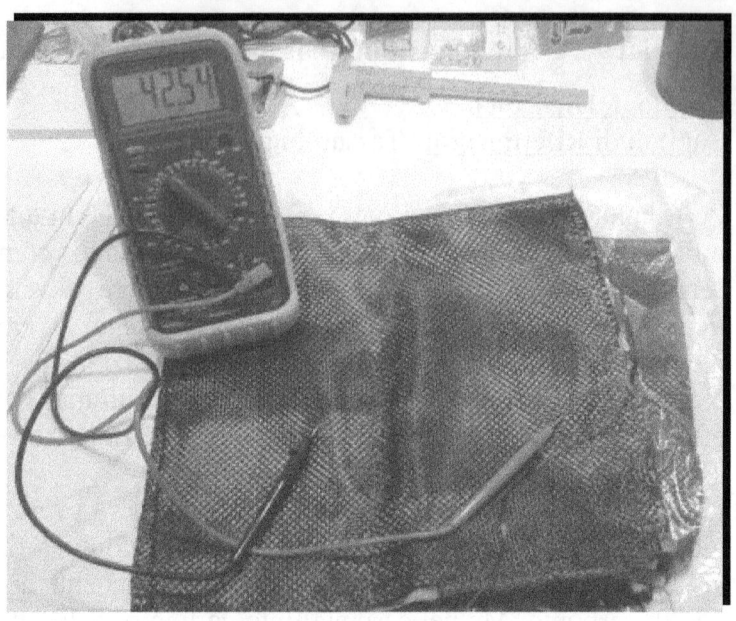

Per tale prova dovreste munirvi di un multimetro per elettronica, meglio se digitale, lo imposterete come Ohmetro, ovvero come misuratore di resistenza elettrica.

Quindi posizionerete le sonde a puntale dello strumento sullo scampolo di tessuto in prova. Essendo la fibra di carbonio conduttiva dal punto di vista elettrico, se lo strumento misurerà valori inferiori alle centinaia di Ohms allora quasi sicuramente si tratta di carbonio autentico.

Invece de verranno rilevati valori intorno ai MegaOhms sicuramente si tratta di un falso.

Tutorial 10 - La vetronite per circuiti stampati

Livello di Difficoltà: ******
Capitoli di Riferimento: Settore Elettronico

Spesso capita di dover realizzare lastre e piastre di supporto piane,ovviamente in materiale composito. Se il requisito di leggerezza non è fondamentale e lo spessore del materiale non è critico, possiamo utilizzare la vetronite per circuiti stampati per le nostre realizzazioni. Come descritto in precedenza si tratta di un laminato in fibra di vetro.

La dimensione più reperibile è quella in formato Eurocard, dimensioni 100x160mm, spessore 1.6mm .

Il vantaggio della vetronite è che risulta quasi pronta per l'utilizzo e facilmente reperibile in negozi online di elettronica a costi contenuti. Ho utilizzato il termine quasi perché se avete la necessità di avere le due facce del laminato pulite per eventuali incollaggi, dovrete prima rimuovere gli strati superficiali in rame. Per fare ciò dovreste utilizzare il percloruro ferrico, un prodotto chimico liquido corrosivo, specifico per questa applicazione.

Dopodiché potrete tagliare e sagomare a vostro piacimento, la lastra in vetronite.

Un Dremel© con rispettivi accessori risulta adatto ad effettuare le lavorazioni di base.

Nel caso disponiate di una fresa CNC potrete lavorare le parti con appositi fresini diamantati.

Se è necessario praticare degli incollaggi, dovrete carteggiare la superficie per ottimizzare tale processo rendendo la superficie più ruvida.

Potete utilizzare la vetronite anche come materiale di prova per esercitarvi nelle operazioni di taglio, foratura e levigatura, di manufatti più importanti e complessi che realizzerete o avrete già realizzato.

ESEMPI DI APPLICAZIONE

Di seguito saranno mostrati prodotti realizzati con l'utilizzo dei materiali compositi.

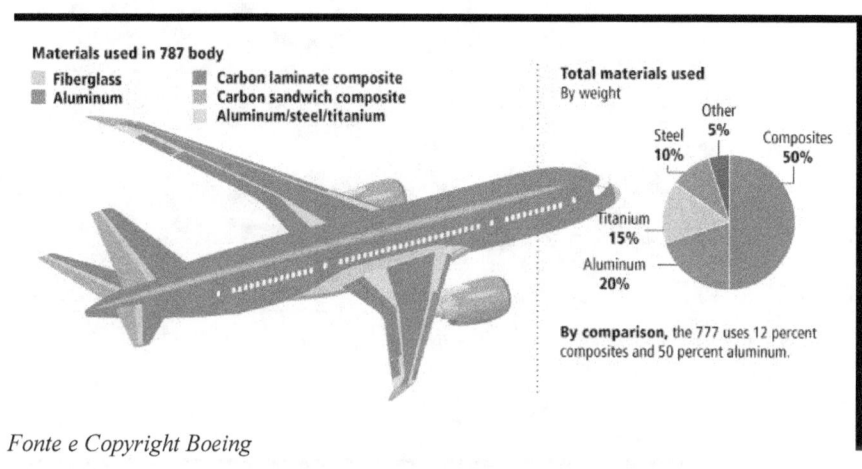

Fonte e Copyright Boeing

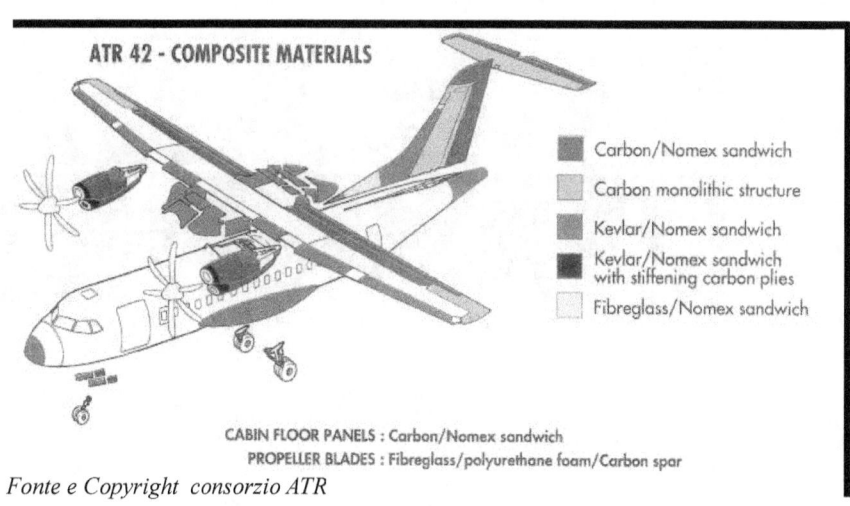

Fonte e Copyright consorzio ATR

Fusoliera velivolo ed elica in fibra di carbonio(Foto fonte Google)

Velivolo LongEz in fibra di vetro e polistirene estruso(Foto fonte Google)

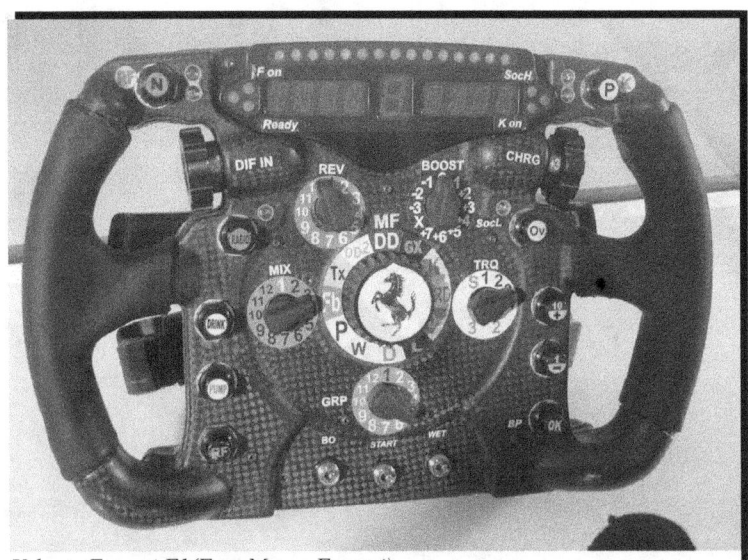

Volante Ferrari F1(Foto Museo Ferrari)

Sospensioni Ferrari F1(Foto Museo Ferrari)

Cerchione in fibra di carbonio (Foto fonte e copyright Koenigsegg)

Telaio Lamborghini Aventador(Foto copyright Lamborghini)

Barca a vela da competizione(Foto fonte Google)

Realizzazione tavola da surf (Foto fonte Google)

Fabbricazione pale generatori eolici (Foto fonte Google)

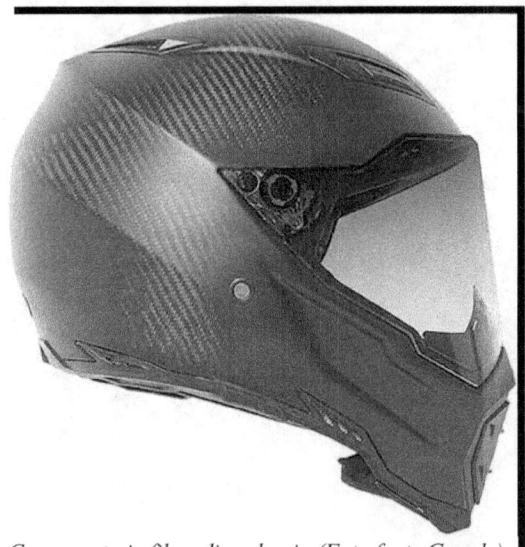

Casco moto in fibra di carbonio (Foto fonte Google)

CONCLUSIONI

Lo scopo del manuale è di trasmettere le nozioni di base sui materiali compositi per le applicazioni più comuni e di consentire al lettore di sviluppare le capacità di realizzare manufatti in composito auto-costruiti.

L'argomento trattato è ancora poco conosciuto e incompreso. Esistono ancora molte persone che risultano scettiche riguardo alle applicazioni di tale tecnologia, tuttavia l'evoluzione tecnologica, sta dimostrando invece un notevole interesse per i materiali compositi nel settore industriale e non, lo sviluppo di nuovi prodotti, materiali e metodi di processo è in continuo fermento.

Spesso molti auto-costruttori appassionati del settore, associano il concetto di lavorare i materiali compositi esclusivamente a metodi di processo con laminazione sottovuoto ed in autoclave. Personalmente ritengo che per la maggior parte dei manufatti auto-costruiti, non siano necessarie attrezzature e processi impegnativi, come quelli appena citati.
La laminazione manuale con un po' di pratica, garantisce degli ottimi risultati, richiede esigui investimenti in attrezzature e spazi di lavoro alla portata di tutti.

Con i materiali compositi, al fine di sfruttarne al meglio le caratteristiche, si deve applicare sempre il concetto di applicare i rinforzi dove è presente il carico meccanico, non dove esso è trascurabile. Quindi si deve stratificare maggiormente con il tessuto di rinforzo, nelle zone di massimo carico e dove è necessario. Rispettando questa semplice regola si riesce a creare strutture leggere.

Per via delle caratteristiche anisotrope dei materiali compositi, nel caso si realizzino parti strutturali, prima di realizzare il manufatto vero e proprio, è sempre consigliabile realizzare dei test specifici a rottura con dei provini.

Spesso nel manuale ho fatto riferimento alle precauzioni necessarie riguardo alla salute per le varie fasi di lavorazione. Consiglio nuovamente di rispettare tali semplici regole e precauzioni, per l'apparato respiratorio e visivo in particolare. Talvolta quando si effettuano lavorazioni a livello hobbistico, si tende ad essere più leggeri e meno rispettosi delle norme di sicurezza. Niente di più sbagliato e stupido da praticare. Ad esempio, le esalazioni dei composti chimici utilizzati e le polveri generate dal taglio della fibra di carbonio possono anche creare danni permanenti all'organismo, quindi massima attenzione in merito.

Sul web si trovano filmati che riguardano la realizzazione di manufatti in composito per varie applicazioni, spesso il personale mostrato è privo di qualsiasi protezione, quindi niente occhiali e maschera protettiva o guanti da lavoro. Non prendete assolutamente esempio da ciò.

Se siete arrivati a leggere almeno la metà di quanto scritto nel manuale, immaginerete che lo sforzo per realizzarlo non sia stato certamente trascurabile. Questo manoscritto è frutto di diversi decenni di passione e pratica nel settore.

Spero sia stato di vostro gradimento, se lo apprezzerete, prossimamente potrei realizzare ulteriori opere in merito.

Grazie a tutti !

APPENDICE

Glossario e nomenclatura

ANISOTROPIA: La proprietà per cui il valore di una grandezza fisica (durezza, resistenza alla rottura, velocità, indice di rifrazione, ecc.), in una sostanza o nello spazio, non è uguale in tutte le direzioni.

AUTOCLAVE: L'autoclave è un sistema ermetico, equipaggiato e strumentato per ottenere al suo interno una pressione e temperatura superiori a quella atmosferica ed anche il vuoto. In sostanza si tratta di un forno pressurizzato di medie e grandi dimensioni.

BONDO®: Nome di uno dei principali produttori di stucchi a base poliestere per applicazioni automobilistiche. In Europa sono commercializzati da diversi marchi e sotto forma di altri nomi.

CRFP: Carbon Fiber Reinforced Polymer = Materiali fibrorinforzati in Carbonio.

DUCT TAPE: Noto comunemente come nastro americano, è un nastro adesivo telato molto robusto per applicazioni generali, comunemente di colore grigio argentato e nero.

EPOXY: Epossidica(matrice, resina, adesivo)

FLOX: Impasto costituito da fibre di cotone e resina epossidica, utile per creare rinforzi strutturali.

GELCOAT: Vernice ad elevata densità, molto meno viscosa di una comune vernice sintetica. Può essere a base epossidica o poliestere, in entrambi i casi si tratta di un prodotto bi-componente.

GRFP: Glass Fiber Reinforced Polymer = Materiali fibrorinforzati in Vetro.

HONEYCOMB: Con questo termine ci si riferisce alle anime a nido d'ape per le strutture a sandwich. Largamente utilizzata nel settore aeronautico e aerospaziale per realizzare particolari strutturali ad alte prestazioni.
Ciò e dovuto alle sue ottime proprietà meccaniche, alla sua bassa densità e la buona stabilità a lungo termine.

ISOTROPIA: Proprietà dell'indipendenza dalla direzione, da parte di una grandezza definita nello spazio. Il suo contrario è l'anisotropia.

KEVLAR ®: Marchio registrato dalla azienda DuPont. Con questo nome ci si riferisce alla fibra aramidica più comune e disponibile in commercio.

MAT: Tessuto caratterizzato da fibre di vetro disposte in maniera casuale. Largamente utilizzato in nautica per realizzare imbarcazioni e per creare stampi per materiali compositi.

MEKP: Methyl ethyl ketone peroxide(Perossido di Metiletylketone)

PAN: Poliacrilonitrile

PCB: Printed Circuit Board = Circuito stampato per schede elettroniche.

POST-CURE: Trattamento di post-indurimento, attuato dopo il normale ciclo di indurimento, portando il manufatto ad una temperatura più alta di quella ambiente per un intervallo di tempo predeterminato.

POT-LIFE: Rappresenta il tempo utile entro il quale è possibile utilizzare la miscela di resina e indurente, prima che il processo di polimerizzazione ed il conseguente aumento di viscosità renda ciò impossibile. Questo valore può variare sia in relazione alla temperatura ambiente, che alla quantità di miscela preparata.
Come riferimento viene considerata una massa di 200gr a temperatura ambiente di 25°C.

PREPREG: Sono definibili come tali, i tessuti di rinforzo che sono strati impregnati, con della resina pre-catalizzata allo stato liquido, mediante un apposito processo industriale.

PVA: Poly Vinyl Alcohol = Alcool Polivinilico

STIFF: Rigidezza = La capacità che ha un corpo di opporsi alla deformazione elastica provocata da una forza applicata. In generale si dovrebbe usare il termine rigidezza quando si parla di una struttura, di rigidità quando si parla di un materiale.

YARN: Filato = Prodotto della filatura delle fibre tessili, costituito da un elemento filiforme con date caratteristiche di elasticità, tenacità e flessibilità.

STRAND: Trefolo = Elemento costruttivo delle corde, costituito da un insieme di fili elementari fra loro ritorti.

TIXOTROPIA: Nella meccanica dei fluidi, il termine indica il comportamento di un fluido in cui il coefficiente di viscosità diminuisce con il tempo di applicazione dello sforzo di taglio, a parità di tutte le altre condizioni; questo comportamento, opposto a quello indicato con il termine reopessia, rappresenta una proprietà desiderata per taluni materiali, quali resine e vernici, migliorando la facilità di applicazione.

TWARON: Marchio registrato dalla azienda Teijin. Si riferisce alla fibra aramidica da essa commercializzata.

Caratteristiche Tipiche dei Tessuti di rinforzo

Caratteristiche fisiche e meccaniche tipiche

Parametro	Fibra di Vetro Tipo E	Fibra di Vetro Tipo S2	Fibra di Carbonio Tipo HM	Fibra di Carbonio Tipo HS	Fibra Aramidica
Modulo di Elasticità(GPa)	69	85	390	230	130
Allungamento a Rottura(%)	4,8	5,4	0,5	1,1	2,5
Carico Max a Rottura(GPa)	3,5	4,5	2,4	2,8	3,8
Densità(gr*cm³)	2,5	2,54	1,86	172	1,44
Temperatura Max Oper.(°C)	850	970	315	315	200

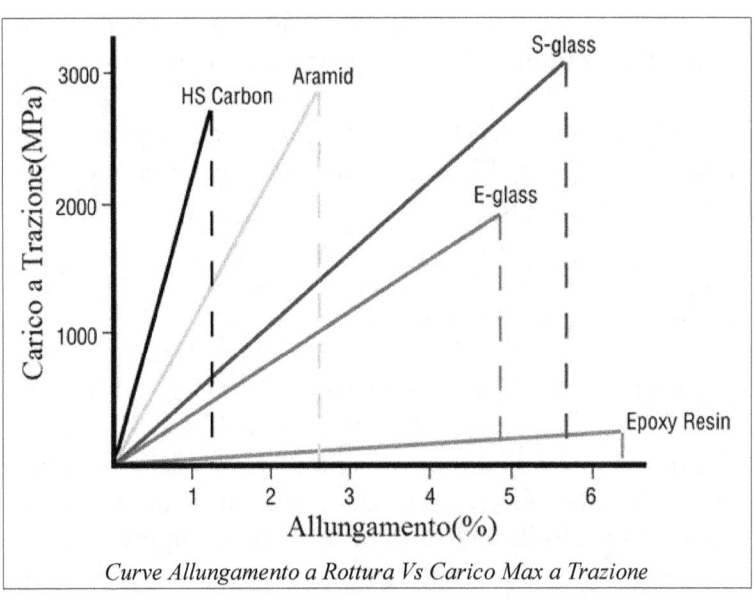

Curve Allungamento a Rottura Vs Carico Max a Trazione

Caratteristiche Tipiche delle Matrici in Resina

Caratteristiche fisiche e meccaniche tipiche

Parametro	Epossidica	Poliestere Isoftalica	Vinilestere
Densità @20°C(gr*cm³)	1,2	1,3	1,2
Modulo di Elasticità(GPa)	2,5	3,2	3,4
Allungamento a Trazione(%)	3,5	4,5	4,5
Carico Max Rottura a Trazione(MPa)	60	70	73
Carico Max Rottura a Compressione(MPa)	130	180	150
Assorbimento Max Acqua in massa(%)	0,15	0,6	0,16

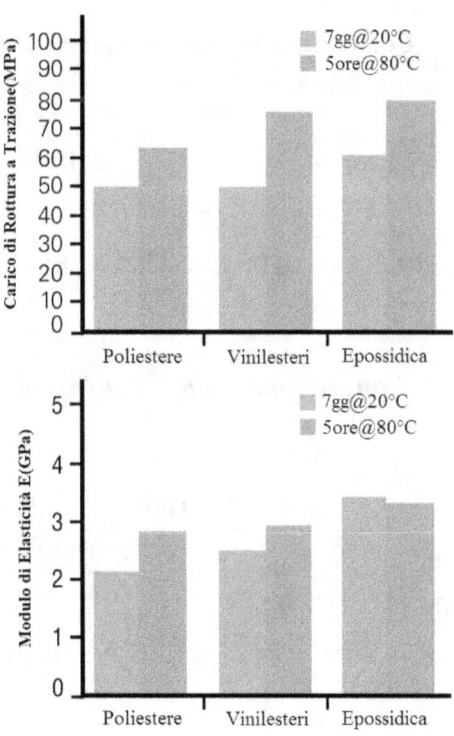

Tabelle di conversione unità di misura

Conversione unità di misura di Lunghezza

	mm	m	in	ft	yd
1 mm =	1	0,001	0,03936996	0,00328083	0,00109361
1 m =	1000	1	39,36996	3,28083	1,09361
1 in =	25,4	0,0254	1	0,08333333	0,02777778
1 ft =	304,8	0,3048	12	1	0,3333333
1 yd =	914.4	0,9144	36	3	1

Conversione unità di misura di Volume

	m³	L	gal(USA)
1 m³ =	1	1000	264,1721
1 L =	0,001	1	0,2641721
1 gal(USA) =	0,003785412	3,785412	1

Conversione unità di misura di Massa

	Kg	g	lb	oz
1 Kg =	1	1000	2,20462	35,27392
1 g =	0,001	1	0,0022046	0,0352736
1 lb =	0,4535924	453,5924	1	16
1 oz =	0,02834952	28,34952	0,0625	1

Conversione unità di misura di Velocità

	m/s	km/h	mph	kt
1 m/s =	1	3,6	2,236936	1,943844
1 km/h =	0,2777778	1	0,6213712	0,5399568
1 mph =	0,44704	1,609344	1	0,8689762
1 kt =	0,5144444	1,852	1,150779	1

Conversione unità di misura di Forza

	N	lbf
1 N =	1	0,2248089
1 lbf =	4,448222	1

Conversione unità di misura di Coppia

	N*m	kgf*m	in*lbf	ft*lbf
1 N*m =	1	0,1019716	8,85075	0,737561
1 kgf*m =	9,80665	1	86,79621	7,233003
1 in*lbf =	0,1129848	0,1152124	1	0,08333333
1 ft*lbf =	1,35582	0,1382552	12	1

Conversione unità di misura di Pressione				
	pascal	**mbar**	**mmHg**	**psi**
1 pascal =	1	0,01	0,007500617	0,0001450377
1 mbar =	100	1	0,7500617	0,01450377
1 mmHg =	133,3224	1,333224	1	0,01933677
1 psi =	6894,757	68,94757	51,71493	1

Tabella stima quantità di resina per laminazione manuale

AREA(mq)	NUM.STRATI TESSUTO	Q.TÀ DI RESINA(gr)
0,25	1	93
0,25	2	185
0,25	4	371
0,5	1	185
0,5	2	371
0,5	4	741
1	1	371
1	2	741
1	4	1482
0,25	1	92
0,25	2	183
0,25	4	367
0,5	1	183
0,5	2	367
0,5	4	733
1	1	367
1	2	733
1	4	1467
0,25	1	100
0,25	2	199
0,25	4	399
0,5	1	199
0,5	2	399
0,5	4	798
1	1	399
1	2	798
1	4	1595

Tabella prodotti chimici

TABELLA ANNOTAZIONI PRODOTTI CHIMICI				
NUMERO	PRODOTTO	DATA ACQUISTO	DATA APERTURA	DATA SCADENZA

BIBLIOGRAFIA E RIFERIMENTI

Andrew C.Marshall – Composite Basics Seventh Edition – 2007 - Aircraft Tecnichal Book Company

Burt Rutan - Moldless Composite Sandwich Homebuilt Aircraft Construction - Aircraft Technical Book Company

Ciampaglia Giuseppe - Tecnologia dei materiali compositi aeronautici – 1990 – IBN Editore

Gurit – Gurit Guide To Composites(www.gurit.com)

Jack Lambie – Composite Construction for Homebuilt Aircraft 2th Ed. - 2000 – Aviation Publishiers

Martin Hollmann – Composite Aircraft Design – 2003 – Aircraft Design Inc.

Tony Bingelis – Sportplane Contruction Techniques – EAA Aviation Fundation

Vittorio Pajno – Il progetto dell'aereo leggero – 2002 - IBN Editore

Wikipedia – www.wikipedia.it

Zeke Smith – Understanding Aircraft Composite Construction 2th Ed. - 2005 - Aeronaut Press

NOTE: